生态风尚·家具设计

Eco. Style in Furniture Design

度本图书（Dopress Books） 编译

中国建筑工业出版社

编者说明

生态设计在西方发达国家一直备受推崇。人们希望自己的家园不仅美观，更要绿色、环保。近年来，这一理念不仅风靡西方世界，更开始在发展中国家逐渐传播开来。越来越多的人包括专业领域的设计师都开始潜心研究生态设计。毫无疑问，生态经济与可持续发展经济已成为当今时代最炙手可热的话题之一。

本套丛书分为两册：《生态风尚・家具设计》和《生态风尚・灯具设计》，旨在展示来自全球各地领先设计团队的最新生态设计作品，以最新的设计趋势来引领更多的人，尤其是专业设计师，在增强环保意识的同时，将其融入到自己的设计思路和创作理念中。书中精选的作品以多种形式、材料、技术设计而成，其中各个产品的尺寸和所应用的材料，以及蕴涵其中的生态理念、高新技术等都有详细介绍。

这套图书让我们相信，好的设计并不一定需要投入更多的人力、物力和财力。恰恰相反，通过设计者的聪明才智和巧妙创意，完全可以打造出既美观又实用的作品，甚至一般人认为毫无用处的垃圾、淘汰旧物也可以在环保设计师的手中轻松地变废为宝。

这本《生态风尚・家具设计》主要介绍了家具设计中采用回收利用的废旧材料、天然环保材料和高新技术材料与各种工艺的设计手法。这些作品的设计者中也不乏弗雷德里克・法尔格（Fredrik Färg）、玛利亚・威斯特伯格(Maria Westerberg)等新生代的设计黑马和马里奥・贝里尼（Mario Bellini）、迈克尔・杨(Michael Young)、斯蒂芬妮・马林（Stephanie Marin）、史蒂芬・施德明(Stefan Sagmeister)等设计界享誉已久的名人、大师，相信在这里你可以有不一样的收获。

丛书的作品来自全球众多设计师，其名录及相关信息详见各分册最后的《设计师名录》。

回收与再利用

天然材料

家具设计中的技术与工艺

其他

设计师名录

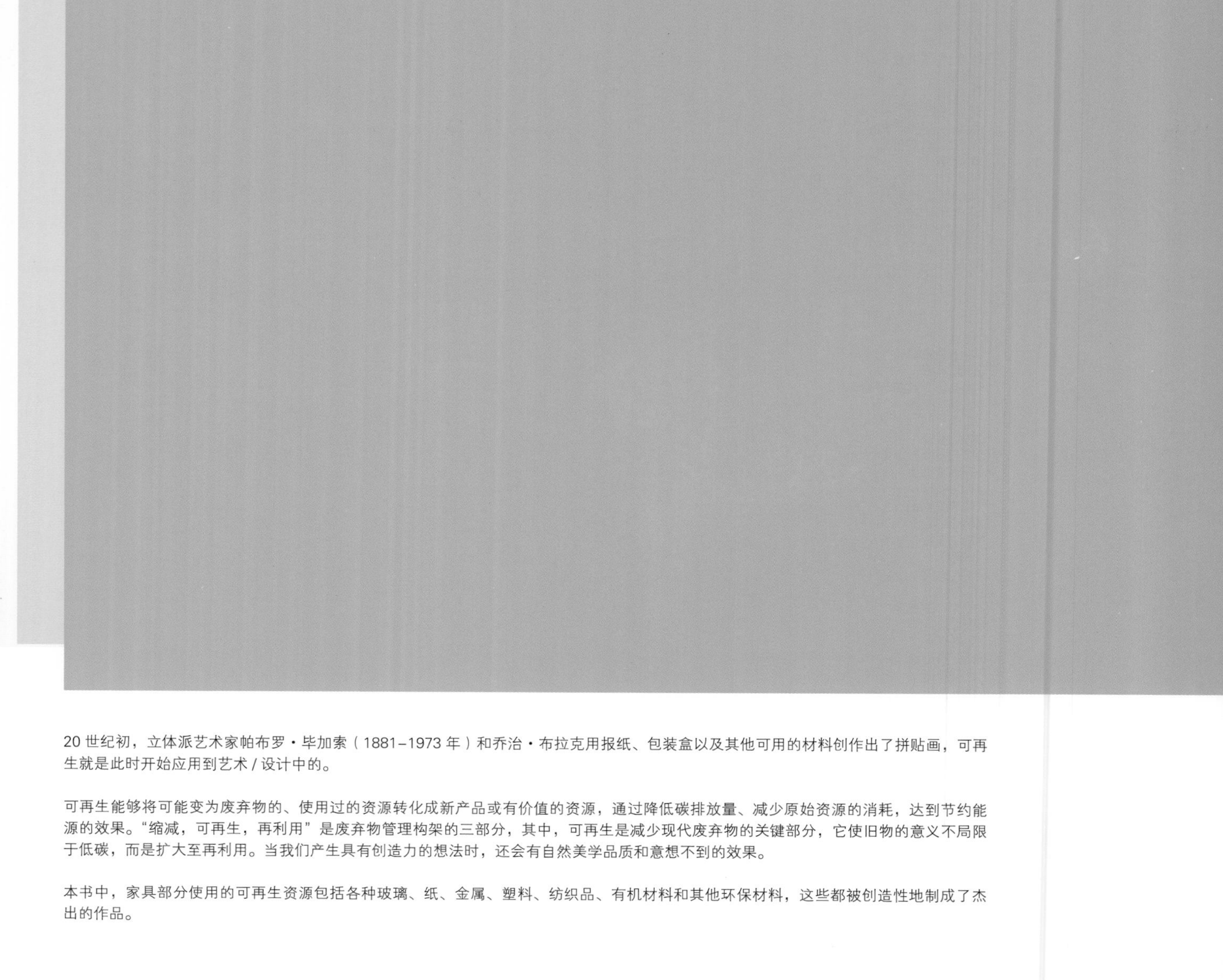

20 世纪初，立体派艺术家帕布罗・毕加索（1881–1973 年）和乔治・布拉克用报纸、包装盒以及其他可用的材料创作出了拼贴画，可再生就是此时开始应用到艺术 / 设计中的。

可再生能够将可能变为废弃物的、使用过的资源转化成新产品或有价值的资源，通过降低碳排放量、减少原始资源的消耗，达到节约能源的效果。“缩减，可再生，再利用”是废弃物管理构架的三部分，其中，可再生是减少现代废弃物的关键部分，它使旧物的意义不局限于低碳，而是扩大至再利用。当我们产生具有创造力的想法时，还会有自然美学品质和意想不到的效果。

本书中，家具部分使用的可再生资源包括各种玻璃、纸、金属、塑料、纺织品、有机材料和其他环保材料，这些都被创造性地制成了杰出的作品。

回收与再利用

Recycling & Reuse

in Furniture Design

1

008-053

项目：直径5

规格：3650（长）×4250（宽）×1524（高）；[①]
材料：1000磅100%可再生玻璃，20加仑环氧树脂。

设计公司：马克·雷格尔曼（Mark Reigelman）
设计师：马克·雷格尔曼二世（Mark A. Reigelman II）
摄影：诺曼·尼尔森（Norman Nelson）贾里德·扎格哈（Jared Zagha）
客户：海勒美术馆

“直径 5”的灵感来自篱笆、屋顶和房子四周到处都能找到的玻璃保护栅栏。12 个典型的家具物品，包括书、椅子、灯具以及熊皮地毯，它们保护层的装饰采用碎痕玻璃，这些物品的挑选基于代表性和功能性的需要，通过融合保护元素和屋内的物品，“直径 5”思考家园保护需求的同时，也指出了过度保护的不良后果，以及这种保护对于社交的影响。

“直径 5”的收藏品使用了超过 1000 磅的 100% 可再生玻璃和 20 加仑环氧树脂。玻璃首先被打碎，翻滚，然后附着在骨架上，直至每件都装饰超过 40 层玻璃碎片。

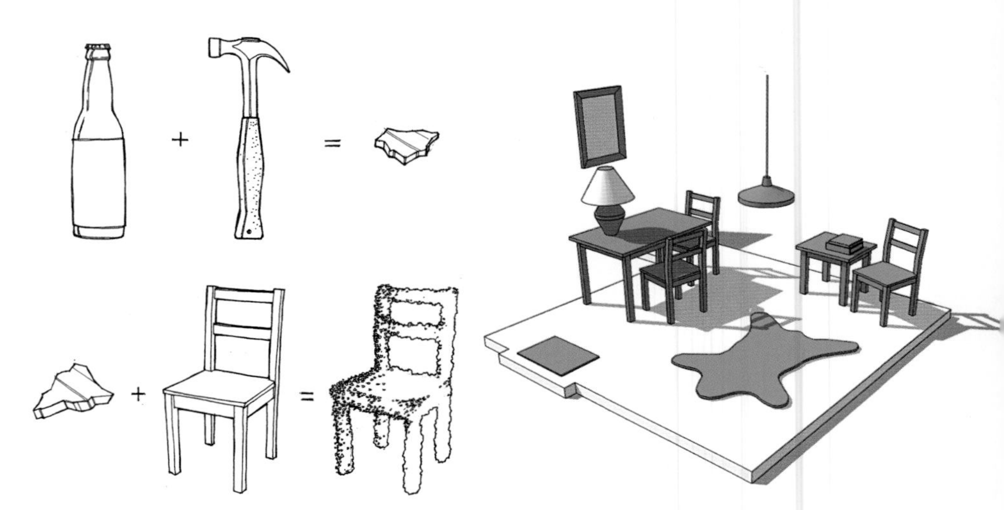

① 本书规格尺寸单位统一为毫米（mm），全书下同。

项目：FF1 毛毡座椅

设计公司：狐狸与冻结（Fox & Freeze）；
设计师：詹姆斯·范·福塞尔（James Van Vossel），
汤姆·德·瓦里泽（Tom De Vrieze）
摄影：汤姆·德·瓦里泽（Tom De Vrieze）
客户：狐狸与冻结

"FF1 毛毡座椅"是一款由一整块人造毛毡方板制成的室内休闲椅。没有浪费任何材料（除了上面钻出的孔），自主支撑结构代替了木材、金属或其他材料。亚麻绳固定了座椅并起到艺术性的装饰作用。骨架和底座并没有从板上分离出来，而是保持着从方块表面就连接在一起的状态。毛毡板像围巾一样不断旋转，以对称收尾但又形成不对称的物体，完全遵从了功能性的需求。■

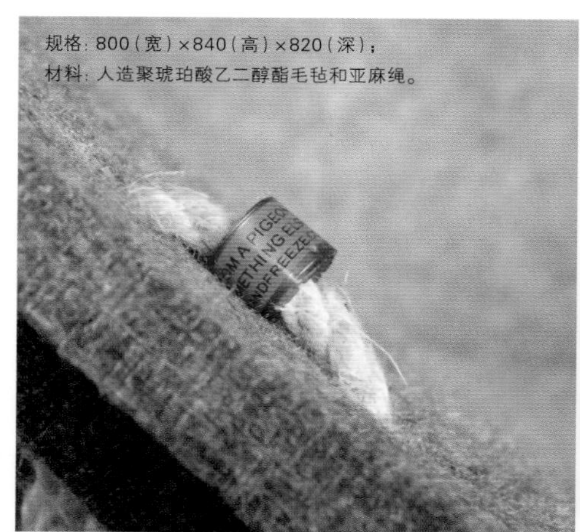

规格：800（宽）×840（高）×820（深）；
材料：人造聚琥珀酸乙二醇酯毛毡和亚麻绳。

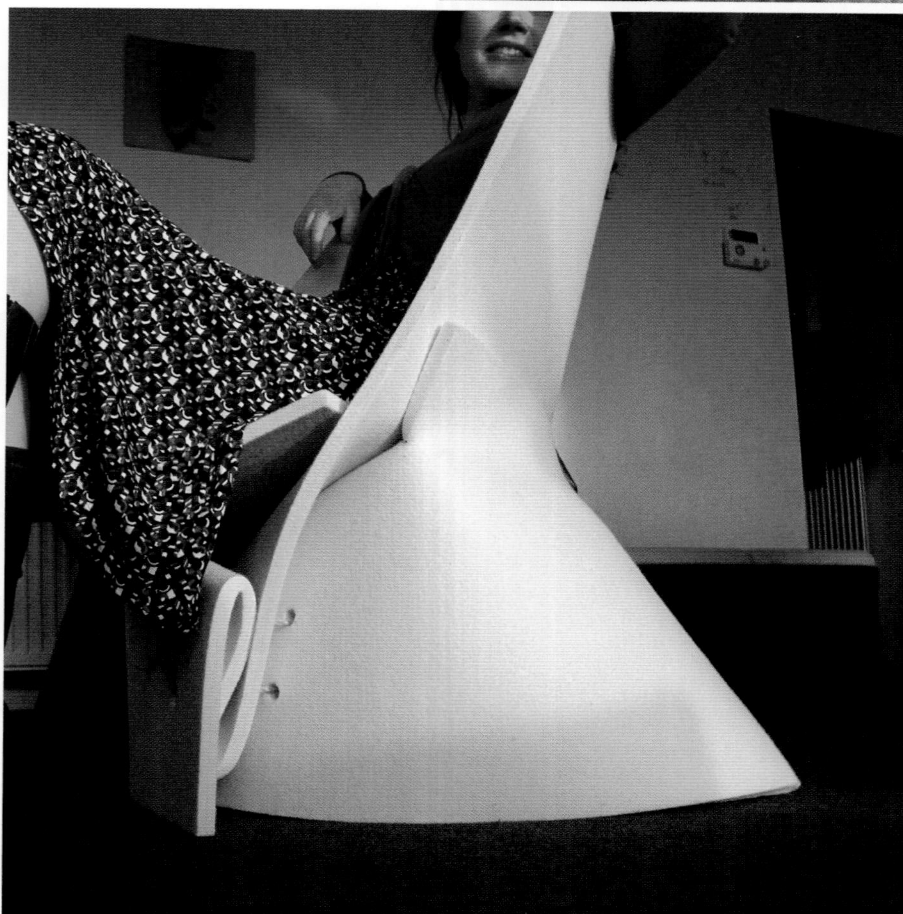

项目：无人与小型无人座椅

设计公司：康姆普洛特设计公司（KOMPLOT Design）
项目经理：鲍里斯·柏林（Boris Berlin）
摄影：托马斯·易卜生（Thomas Ibsen），贡纳尔·梅里尔德（Gunnar Merrild），鲍里斯·柏林（Boris Berlin）
客户：合益（HAY.）

“无人”是对椅套的一种隐喻——覆盖在椅子上起保护作用的布料，事实上并没有被使用。椅套模糊了座椅的形状，同时做出一种暗示。但即使下面没有椅子，人们依然可以坐在“椅套”上。椅套是空的——椅子被抽走了，但是布料依然记得并保持着椅子在时的形状。“无人”生产只经过纤维聚合物热压一道工序——聚对苯二甲酸乙二醇酯毛毡垫（没有采用任何种类的框架）。生产过程既不需要胶水、树脂之类的添加剂，也不额外需要其他螺丝和固定装置之类的材料。聚对苯二甲酸乙二醇酯毛毡是100%可再生材料，使用过的苏打等饮料的水瓶都可以作为其原料。“无人”轻便、可折叠，在公共场合和居家内部都很适用。聚对苯二甲酸乙二醇酯毛毡良好的透气性、完美的声学特性以及清洗便捷等特点，都使这款座椅的优秀品质得以提升。

小型“无人”——一款专为三至八岁儿童设计的座椅在2008年9月发售了。小型“无人”作为“成长”的补充版本，以自然的方式迈出扩展的第一步，走进家庭。这不只是一款轻便、友善、无噪声的儿童座椅，也是一个很好的玩伴。■

规格：无人，710（长）×590（宽）×780（高）；小型无人，480（长）×400（宽）×525（高）；
材料：聚对苯二甲酸乙二醇酯毛毡。

规格：1020（宽）×610（高）×935（深）；
材料：聚对苯二甲酸乙二醇酯毛毡。

项目：幽灵

设计公司：伊斯克斯–柏林设计公司；
设计师：鲍里斯·柏林，阿莱克西耶·伊斯克斯
摄影：埃里克·卡尔森，鲍里斯·柏林
客户：布拉站AB

该设计将精力集中在了功能、形态、材料以及其他因素的全面控制上。这种为全面控制环境而做出努力，大概是典型的西方文化。这一考虑既是核心力量，也是最大的弱点。“幽灵”座椅通过呈现或弯曲材料，体现设计师的意图，抗议完全不容异己和错误的大男子主义思想。此外，这些褶痕增强了座椅的装饰，成为构成整体结构的必要部分，降低了毛毡最初带来的厚重感。普通俱乐部座椅上的毛毡帐帘是一种雕塑感的表达，也成为座椅唯一的结构。

这款座椅同样采用了100%可再生材料，生产过程不需要胶水、树脂之类的添加剂，十分环保。

规格：320（宽）×400（高）×320（深）；
材料：可再生橡胶。

项目：橡胶凳

设计公司：h220430
摄影师：山本育宪（Ikunori Yamamoto）

关于长期以来应用广泛的创意材料橡胶，研发正使它伴随材料科学的进步一同前行。现在，人工合成的橡胶日益普遍，而且在该领域中起着积极的作用。

另一方面，与人工橡胶相比，物理特性和成本优势使得天然橡胶的需求不断扩大，这一需求大大增加了橡胶树的种植，毁林所造成的环境破坏变得更为严重，主要集中在东南亚地区。尽管有人提出使用可再生橡胶作为改善这一现状的方法，但这一方法并无进展。因此我们设计了一款可再生橡胶制成的凳子，希望能使这一环保设计列入考虑范围内。

尽管这款座椅的结构只是简单地将橡胶板折叠起来，并用螺栓固定住凳子腿，弹性十足的橡胶仍然使得这款凳子外形优雅，使用起来舒适感十足。不用的时候可以折叠起来，只需很小的空间就可以存放。

我们希望这款“橡胶凳”能够作为可再生橡胶的广泛用途之一，唤起人们对于毁坏森林制造橡胶这一形式的警醒。

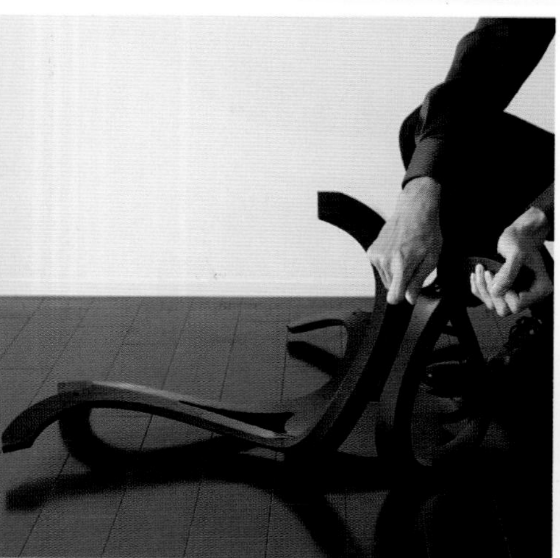

项目：转变座椅和桌子

设计公司：户外美术馆（Outdoorz Gallery）
设计师：鲍里斯·贝利（Boris Bailly）
摄影：J·W·约翰逊摄影公司（J.W. Johnson Photography）

可再生路牌的改造旨在颂扬一种原生态的美国街道美学。街道上有随处可见独特的标志和光亮的外表。作为雕刻家、珠宝商人和工业设计师鲍里斯·贝利，精确的技巧构筑出来的纯净线条完美抵消了座椅和桌子上的可回收标示，每处边缘都经过了流畅的处理。“转变座椅和桌子”是在鲍里斯的工作室内一个一个单独制作的（以流行的标志材料为基础），没有任何两件作品是相同的。不锈钢硬件是防锈的。可再生香槟酒软木塞镶嵌在所有座椅和桌子腿的底部，保护地板的同时还能增加稳定性。■

规格：889（宽）×1003（高）×660（深）；
材料：可再生路牌。

规格：457（长）×457（宽）×508（高）。

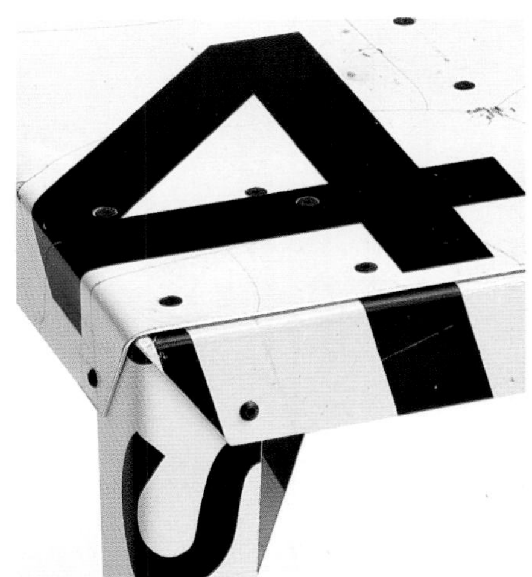

项目：可再生泡沫软垫长沙发和扶手椅

设计公司：斯特凡•舒尔茨工作室（Stephan Schulz Studio）
设计师：斯特凡•舒尔茨（Stephan Schulz）
摄影：马蒂亚斯•里茨曼（Matthias Ritzmann）
客户：原型（Prototyp）

"长沙发和扶手椅"是由可再生泡沫制成的，自然美妙的形态来源于不同锯齿形态的泡沫原料。系统由两种基本元素组成：简单的缆绳控制体系能够轻易将两块不同的面板组合在一起。面板的添加帮助使用者便捷地演绎出沙发的不同版本。

规格：750（长）×600（宽）×900（高）；
材料：可再生泡沫。

项目：乳胶卷

设计公司：13重建（13 ricrea）
设计师：安吉拉·门西（Angela Mensi），英格丽·塔罗（Ingrid Taro），克里斯蒂，娜·莫洛（Cristina Merlo）
摄影：弗朗西斯科·阿里纳（Francesco Arena）

这些重要的室内临时座椅可以使用不同的颜色。他们利用的是制鞋业剩下的边角料。“乳胶卷”通过塑料皮带固定，重量大约为 5 千克。

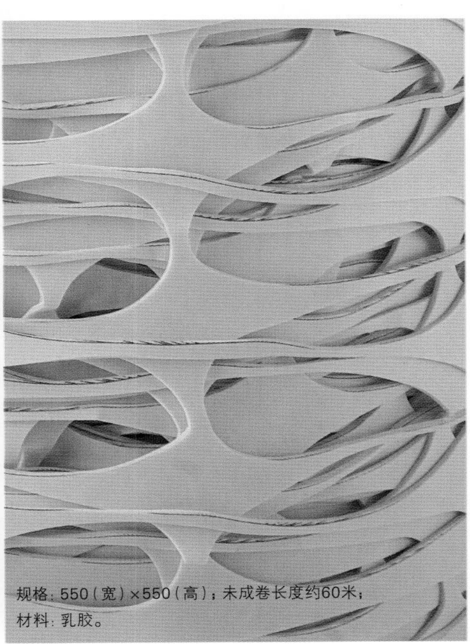

规格：550（宽）×550（高）；未成卷长度约60米；
材料：乳胶。

项目：墩状稻草软垫

设计师：泰特·克内希特（Tetê Knecht）
摄影：安德烈斯·奥托罗（Andrés Otero）
客户：斯洛特画廊（Galerie Slott）

“墩状稻草软垫”采用稻草和乳胶作为主要材料。软垫是稻草和乳胶的结合体。这种组合创造出光滑舒适而又耐用的表面。在这个项目上，泰特·克内希特遵循一个原则：一种干燥的材料与一种潮湿的材料混合，创造出一些新的东西。他将煤、塑料、稻草、金属、碳和玻璃纤维、花等，与胶水、乳胶、有机硅树脂、树脂等混合在一起。有时是有机材料，有时是工业下脚料。

规格：2200（长）×1500（宽）×480（高）；
材料：稻草、模塑乳胶、泡沫。

项目：因凯索/耐用家具可再生工厂废弃物

设计公司：费尔明·格雷罗（Fermin Guerrero）
设计师：费尔明·格雷罗（Fermin Guerrero）
摄影：塔玛拉·莱茨（Tammara Leites），费尔明·格雷罗（Fermin Guerrero）

纸箱管的有效再使用组成了固定利乐包组合的卷盘，这种设计使家具更具吸引力，同时减弱了对环境的影响。这些管子常被一些公司丢弃，因凯索的诞生恰好解决了这一问题。

纸箱管的小型剪切使座椅和桌子能够安装在一起，不再需要其他元素进行结合。因此减少了环境中留下的痕迹，原生态的材料也得到了充分利用。

规格：1080（长）×800（宽）×370（高）；
材料：纸箱，玻璃。

项目：麦克斯浴室浴缸躺椅

设计公司：废品创意设计（reestore.com）
设计师：麦克斯·麦克莫多（Max McMurdo）

"麦克斯浴室浴缸躺椅"是当代沙发设计的一个新里程碑，其设计灵感主要源自《以蒂凡尼早餐》。它由老式铸铁浴缸改造而成，可自选搭配软垫织物。"麦克斯浴室浴缸躺椅"的设计非常适合用作单人懒人椅或双人沙发。

规格：1750（宽）×650（高）×650（深）；
材料：浴室浴缸。

项目：安妮购物手推车座椅

设计公司：废品创意设计（reestore.com）
设计师：麦克斯·麦克莫多（Max McMurdo）

"安妮购物手推车座椅"是由购物手推车制成的。这些手推车由于车轮不稳而被丢弃。设计师们的巧思将他们转变成居家和办公室内的漂亮直立座椅。"安妮购物手推车座椅"可以根据使用者的选择装饰不同的软垫、织物和色彩。

规格： 750（宽）×750（高）×900（深）；
材料：购物手推车。

规格：450（直径）×370（高）；
材料：洗涤桶，抛光不锈钢。

规格：600（直径）×500（高）；
材料：旧自行车座，自行车轮。

项目：西尔瓦娜洗涤桶桌

设计公司：废品创意设计（reestore.com）
设计师：麦克斯·麦克莫多（Max McMurdo）

设计师使用生态环保灯泡制成光束，营造出热情洋溢的优美光线，用来表现这个用抛光不锈钢洗涤桶制作而成的作品。外层使用了全新的磨砂玻璃表面，营造出休憩小酌天堂的氛围。■

项目：自行车座的回归

设计公司：卢拉·多特（Lula Dot）
设计师：露西·诺曼（Lucy Norman）
客户：南北创意美术馆（North South Ideas Gallery）

这款座椅设计的委托方是南北创意美术馆（North South Ideas Gallery），是为他们在海格特的自行车展做的准备。原料是从海格特附近所有的自行车商店收集来的旧自行车座。设计师把这些车座安置在两个使用过的自行车轮周围制成了这把椅子。■

项目：膨胀，领带和轮胎

设计师：玛利亚·威斯特伯格（Maria Westerberg）
摄影：玛利亚·威斯特伯格（Maria Westerberg）

这件独特的作品由一个巨大的拖拉机轮胎制成，上面缠绕着 149 条旧丝质领带。丝绸的品质使作品看起来有奢华感，不同颜色和样式的领带也给椅子增添了活力和独一无二的感觉。众所周知，通常男人们拥有的领带数量都超过使用数量，因为他们经常会收到父亲节礼物之类不太美观的领带。所以，该设计理念旨在将这些领带完美组合，形成新的作品。使用这件社交家具，可以让 6 个人坐在一起，不用背靠背。由于内部填充的是空气，所以它能够缩小到最小规格，便于运输。该作品在生态学上的创意，就是使用了旧领带和无空气时便于运输的轮胎。

规格：1700（长）×1700（宽）×450（高）；
材料：丝质领带，拖拉机轮胎，胎面。

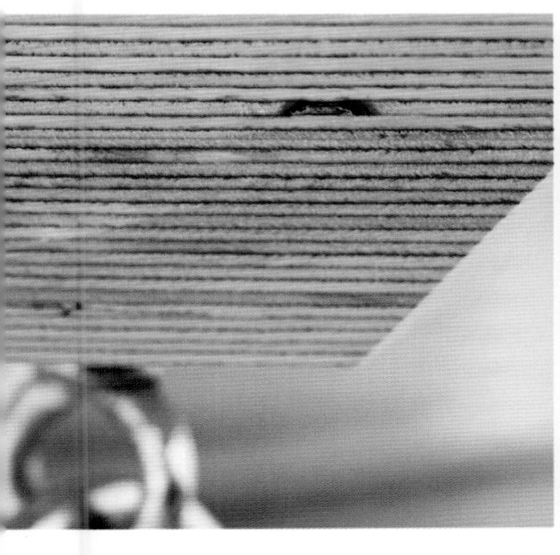

项目：弹簧床

设计公司：托尔·霍伊设计公司（TH Design）
设计师：托尔·霍伊（Thor Høy）
摄影：Cph·麦斯（Cph Mass）

“弹簧床”是板条制成的纯胶合板结构。弹簧能够确保床的舒适性，不用过多估计床垫的坚硬程度。易于转动，即使床上睡着人也依然如此。

床的角落设置了坚固的环首螺栓，这些螺栓除了装饰功能外，还能够在床吊移出窗户时发挥作用。这些弹簧原料来自废弃的板条。■

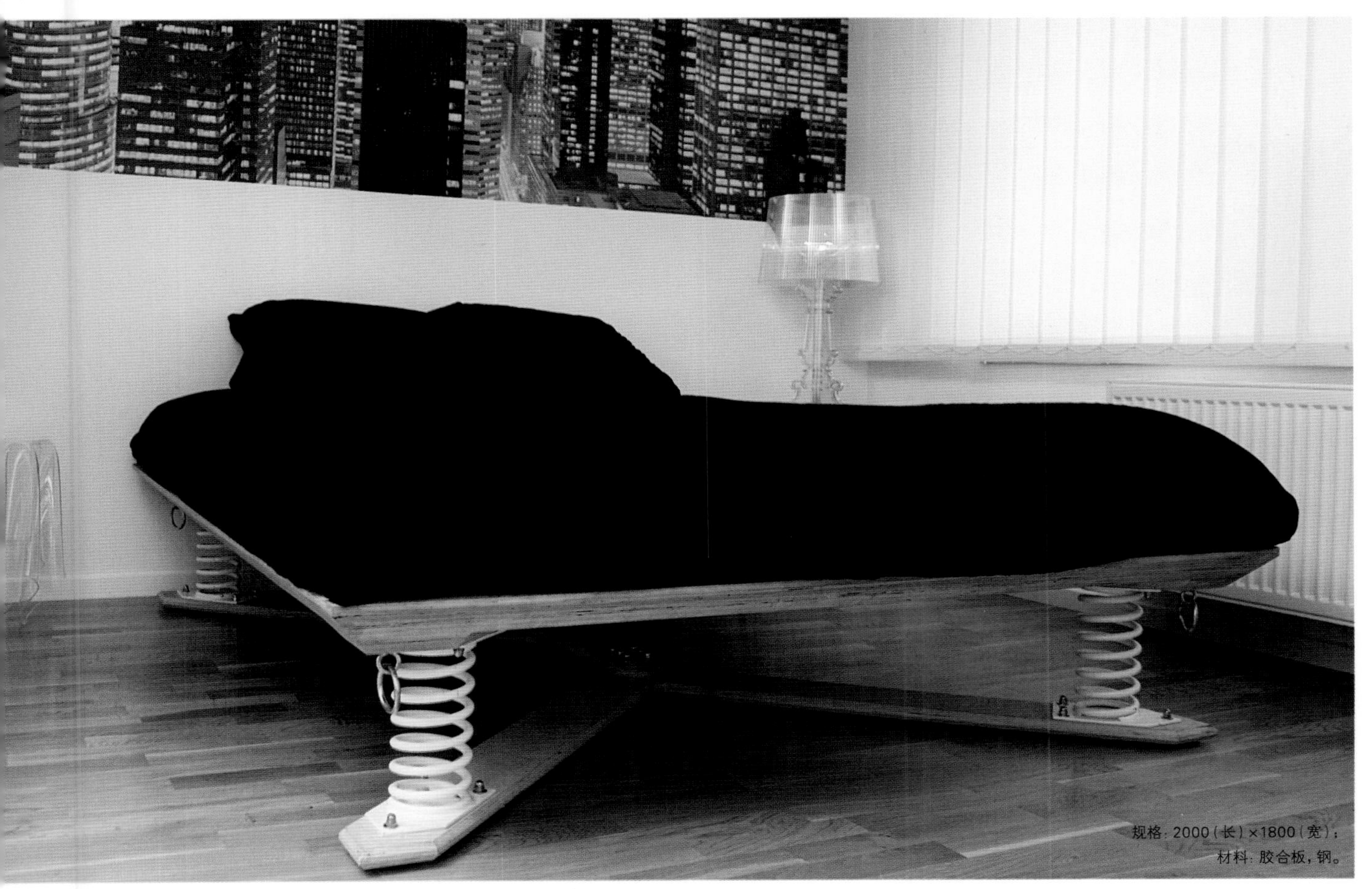

规格：2000（长）×1800（宽）；
材料：胶合板，钢。

项目：重新覆盖

设计公司：弗雷德里克·法尔格工作室
设计师：弗雷德里克·法尔格
摄影：弗雷德里克·法尔格工作室

“重新覆盖”是一套旧座椅搭配 100% 可再生聚酯毛毡套设计而成的。弗雷德里克的灵感来自永远不会过时的经典成衣，例如套装和晚礼服上装。使用跳蚤市场里面买来的旧座椅，去掉靠背，用新的纺织装饰以及可塑性强的聚酯毛毡结构代替，设计师让这些座椅旧貌换新颜。

项目：裂缝+碎布儿童座椅

设计公司：皮特·奥伊勒设计公司（Peter Oyler Design）
设计师：皮特·奥伊勒（Peter Oyler）
摄影：马修·威廉姆斯（Matthew Williams）

“裂缝 + 碎布儿童座椅”是通过敲打工业硬纸板后雕刻而成的，100% 可再生。需要处理的时候完全可再生，无毒，耐用并且充满能量。

规格：533.4（长）×431.79（宽）×406.4（高）；
材料：工业硬纸板。

项目：三只小猪

设计公司：圣瑟利夫创意设计（Sanserif Creatius）
设计师：安娜·亚戈（Ana Yago），约瑟·安东尼奥·吉门内斯（José Antonio Giménez）
摄影：爱德华多·佩里斯（Eduardo Peris）
客户：埃尔·科特·英格斯，格拉波·拉·普拉纳，费雷拉·栖息地 瓦伦西亚，AFCO
（El Corte Inglés，Grupo La Plana，Feria Hábitat Valencia，AFCO）

该系列家具由 100% 可生物降解的波纹硬纸板制成。功能性强，经济，可使用一种模具连续生产。组装单元缩减了产品的辅助工序。被缩减的还有成本，以及对环境的影响和产品的平行能量消耗。当然，该设计没有使用螺丝、楔子等物品。

组装和操作执行都是在专门的雇佣中心进行的，这样就提高了产品的整体价值和受关注程度，不仅是环保方面，还有社会价值方面。该设计还通过了 1000 千克的承压测试。

该设计背后的理念是为了向人们展示，诸如硬纸板之类从未被家具认真考虑的材料的重要性。“三只小猪”是一则与流行儿童故事同名的寓言，它提醒我们那些能够用于建造日常生活房屋材料的重要性。不仅仅是为了推出一种新材料，同时也希望能够提升社交设计重要性的社会意识。换句话说，该设计是一种品牌，目的是提升生活质量，培养可持续增长的意识。

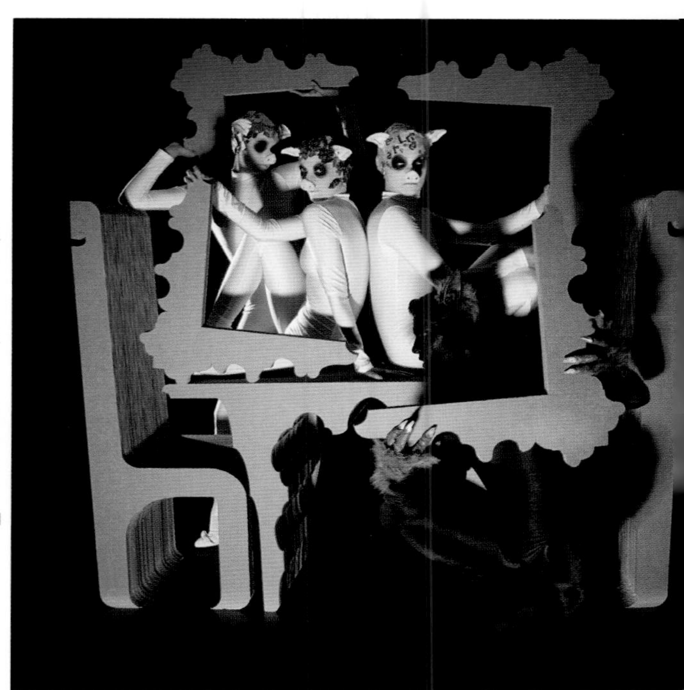

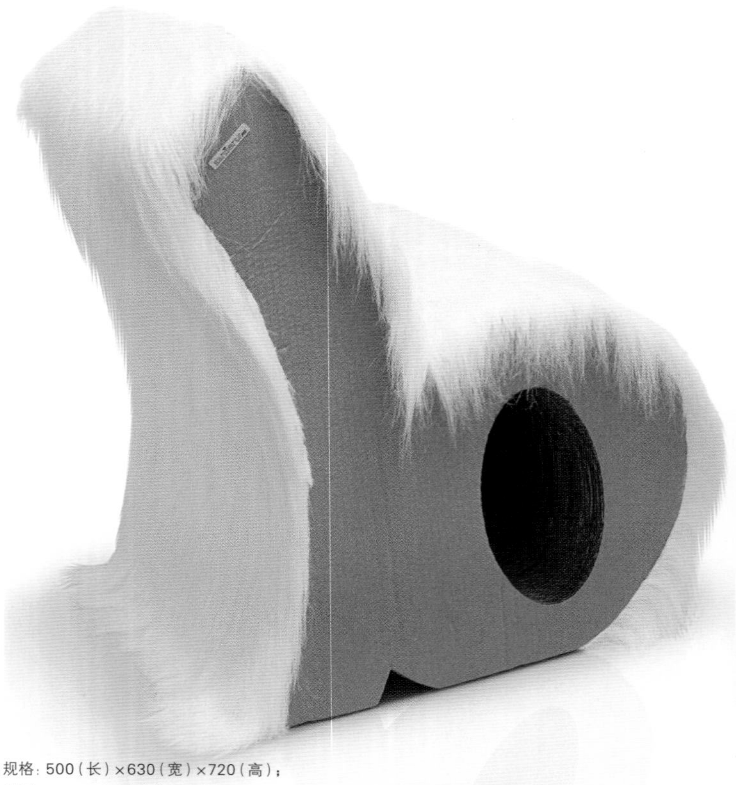

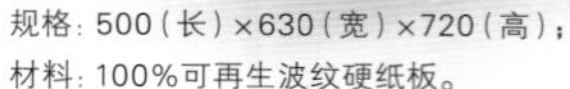

规格：500（长）×630（宽）×720（高）；
材料：100%可再生波纹硬纸板。

项目：折纸

设计公司：富克斯+芬克（FUCHS + FUNKE）
设计师：凯·芬克（Kai Funke），威尔姆·富克斯（Wilm Fuchs）
摄影：富克斯+芬克（FUCHS + FUNKE）

就像折纸飞机一样简单，只需要几步折叠就能将复合面板制成轻便座椅。结构基础是将面板分成负重区和折叠区。轻便的重量和小巧的体积保证运输时，展开的座椅能够包装紧密。

简单的样式是座椅的典型形态。一些多边形创造出了简洁生动的组合。明亮的视觉效果和充满活力的品质源于开放式的结构。没有巨大、厚重的感觉，取而代之的是简单而栩栩如生的品质。

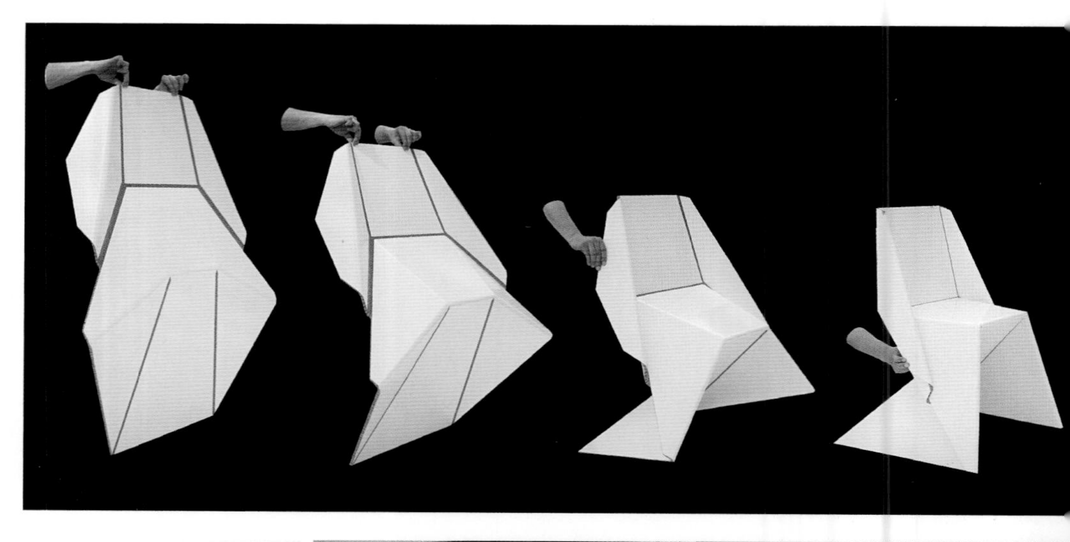

规格：600（长）×530（宽）×780（高）；
材料：蜂窝状硬纸板。

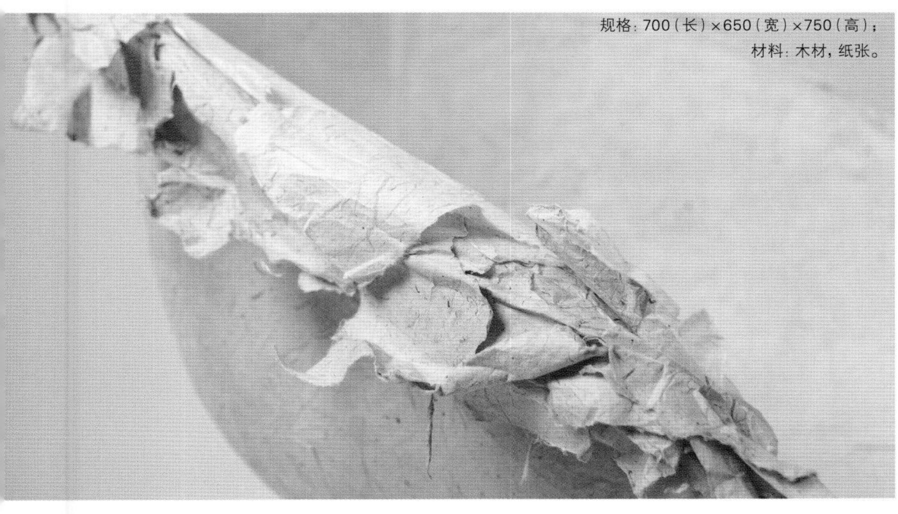

规格：700（长）×650（宽）×750（高）；
材料：木材，纸张。

项目：飘–纸椅

设计公司：杭州品物流形
设计师：克里斯托弗·约翰（Christoph John），张雷，乔瓦纳·博格达诺维奇（Jovana Bogdanovic）

纸椅的创意来自如何寻找一种方式，将中国传统的纸伞覆盖到作品框架上。方法就是将这种天然而又坚固的纸张直接粘贴在竹棒上。

座椅的座位利用了相同材料特点的优势。众多纸张粘合层的组合以及圆形形状打造出坚实稳固的形态，同时又不失灵活性。底部结构由实心山毛榉木材制成。表面涂抹的天然蜂蜡薄层能够保护纸张，起到防水和隔绝外界影响的作用，还能保持纸张的触感。粗糙的边缘强调了座椅纯手工纸张的自然结构，因此也产生了与主形态外壳的对比。

项目：座椅4a

设计公司：迈克尔·杨有限公司（Michael Young Ltd）
设计师：迈克尔·杨（Michael Young）
客户：时尚餐厅集团 SML（Hip restaurant group SML）

迈克尔·杨（Michael Young）完成了座椅 4a 的设计，作为他“中国作品”收藏的延展，该作品在 2010 年初于日本和欧洲全球发售。该座椅是阿莱克西·罗宾逊为流行餐厅集团 SML 所做的室内设计的一部分，也是今年早期为香港本地的发售准备的设计。该项目运用了新的技术和风格，只有使用中国深圳高度完善的工程设备才能够完成。

杨的座椅灵感来自对苹果书工厂的观察。迈克尔·杨说：“我意识到，如果我能够获得本地工程的工程技术，并将其深度运用到铝制家具的设计和研究中，同时使用相似的量产品质，我将会做出顶尖水准的设计及配套座椅。近些年来，由于塑料的使用，几乎对所有的材质和形状都进行过尝试，但是塑料本身并不是非常令人满意的材料，触感和降解过程尤其令人不满意。同样的价格，可以使用可再生的铝，设计出可持续性更强的座椅，同时还能创造出更多的就业机会，而不仅仅是雇人来按电钮。方法有些复杂，但我们创造出的座椅能够使用一生，技术性高于塑料技术，并且具有更强的可持续性”。

“座椅 4a”将会在 2010 年初于欧洲和日本发售，同时还会配备一些皮革镶嵌座席和地板钉等饰物。杨总结道：“这种座椅表达了对所有我热爱事物的敬意”。

规格：座椅4a，404（长）×416（宽）×790（高）；
　　　凳子：340（长）×340（宽）×450（高）；
材料：阳极化铝。

项目：鲁宾斯的收藏（鲁宾斯太太，还有鲁宾斯小姐，佩蒂特坐垫）

设计公司：弗兰克·威廉斯工作室（Studio Frank Willems）
设计师：弗兰克·威廉斯（Frank Willems）
摄影：弗兰克·威廉斯（Frank Willems）

每年欧洲人会扔掉 1200 万碗橱，300 万厨房，2100 万张座椅和 720 万张桌子以及 1840 万张床垫。

在一次参观废品处理设备的过程中，设计师弗兰克·威廉斯发现几乎各种废品都有特定的处理地点，除了床垫，当时他正在研究延长各种废品寿命的项目。

将废弃的床垫进行折叠，一张庞大舒适的座椅就这样诞生了。性感的椅子腿儿是从废弃凳子上拆卸下来的。床垫不同形式的折叠和变化各异的椅子腿儿，使每位“女士”看起来都是独一无二的，就像她们的本来面目。经过全面的装饰，“鲁宾斯的收藏”焕然一新，健康并且重新变得活力十足。

有两种方式折叠床垫。一种是紧凑版本，另一种是不对称版本。紧凑版本的“女士”规格为：60 厘米长和 55 厘米高。不对称版本则是 80 厘米长和 55 厘米高。■

项目：铸造收藏品

设计公司：里弗斯设计公司（Reeves Design）
设计师：约翰·里弗斯（John Reeves）
摄影：约翰·里弗斯（John Reeves），吴·哈（Wu Ha）
客户：里弗斯设计公司（REEVESdesign）

强大的铸造铝系列一，是里弗斯设计的第一个系列，使用可再生固体铝和森林管理委员会认证的柚木——当然是无人造成分的。这是一款坚固的产品，能够经受时间和各种元素的考验。

铸造使简单的制作也能够具有稳固的耐久性。由于铸造过程中出现的任何错误都可以轻易进行融合重铸，制作过程也就变得更有效率了。最初的概念和素描塑模后，设计师与技艺娴熟的雕刻家一同合作，让木匠为铸件磨光。手工雕刻木质模子与西方国家正在使用的快速原型机制造技术齐名。许多铸造产品最终成为铸造钢质模子的模具。尽管如此，铸造依然完整保留了手工雕刻的有机感觉——增强了诗意、结构，为产品赋予灵魂。

设计师考虑到了这条研发线上液态融化金属的质量。软外形和冲刷曲线吞没了这一系列的“线”，类似于水滴石穿。被水穿透的河边石头能够在任意河床中找到，这些石头在形状，大小，轮廓，外形，色彩和多样性上各不相同，每一块都是独一无二的，毫无疑问也是美丽的。自然母亲耗费时间将每块石头都塑造的如此随性而完美。

金属顶部的圆形铸造餐桌：1500（直径）× 750（高）

铸造座椅：516（宽）× 780（高）× 450（深）

铸造长椅：1100（宽）× 780（高）× 450（深）

柚木板条铸造方桌：900（直径）× 750（高）

柚木板条矩形6座位铸造桌子：900（长）× 1610（宽）× 750（高）

柚木板条矩形8座位铸造桌子：900（长）× 1910（宽）× 750（高）

材料：可再生铝，光亮装饰的锌盘，柚木板条。

项目：素描收藏品

设计公司：里弗斯设计公司（Reeves Design）
设计师：约翰·里弗斯（John Reeves）
摄影：约翰·里弗斯（John Reeves），吴·哈（Wu Ha），大卫·迪恩（David Dinh）
客户：里弗斯设计公司（REEVESdesign）

“素描收藏品”稳重的拟人化形态抓住了一种中间状态，在静止和移动、生命和无生命、人造与天然之间的状态，就像是变形演化的三维化石。使用电脑手写板和CAD 绘图软件能够直接而带有冲动地描绘出超现实和有机形态的事物。通过这种通俗易懂的接合和直接交流，使用描画针就能够直观的标记出“切割线”和边缘，不必再使用轻触节点和矢量进行仔细完善。这种形式的发展自然而直接。

设计的每一片都能够与其他部分拼合，这些部件的相似性能够唤起人们对山洞的组成和自然有机形态的回忆。这看起来更像是个物种，即使在设计师警惕的目光中，新的产品依然随机形成着。

设计师约翰·里弗斯在每件作品的底部都做了标记和日期。“素描收藏品”系列中的设计都经过技巧熟练的磨光和铸造，使用 100% 可再生铝为原料。坚固度和重量保证了产品的耐久度和寿命。内部镀金的抽屉盒子增强了这些精美的巨大物品内部的特殊性。

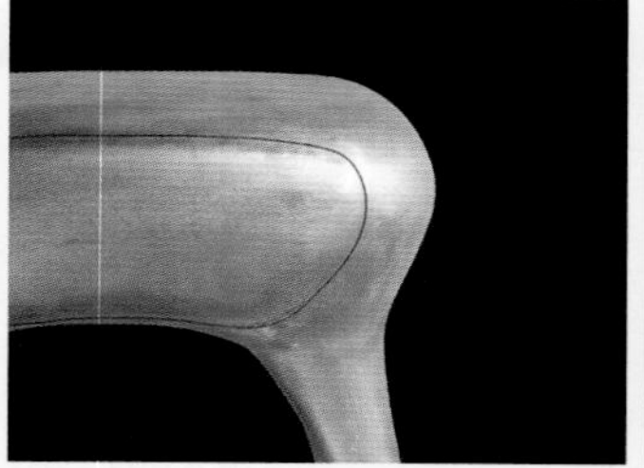

素描虚空(配有镜子)：420(长)× 1096(宽)× 1147(高)；
素描咖啡桌：1220(长)× 764(宽)× 440(高)；
素描落地式支架桌：420(长)× 1096(宽)× 800(高)；
素描茶几：460(长)× 422(宽)× 550(高)；
材料：可再生铝，钚喷漆，石墨锌，荷兰合金，生铝。

项目：霍根海姆

设计公司：nju 工作室
设计师：沃尔夫刚·罗斯勒（Wolfgang Rößler），凯瑟琳·郎（Kathrin Lang），汤姆·施泰因霍费尔（Tom Steinhöfer），妮娜·沃尔夫（Nina Wolf），马库斯·马克（Markus Mak）
摄影：nju工作室（njustudio）
客户：nju工作室（njustudio）

规格：杂志，305（长）×250（宽）×70（高）；报纸，415（长）×305（宽）×70（高）；
材料：桦木，杂志和报纸。

每日新闻和杂志不想再储存在架子上，或是不经意间丢掉的话，可以用 nju 的方式处理：积累，整理，然后做成椅子。“霍根海姆”通过收集杂志和报纸，使创造出可持续利用的个性化家具变得可行。享受预定的优势吧。支架是桦木制成的，在年轻的德国巴伐利亚科堡附近的新工厂中手工加工而成。木材经过上蜡和粉刷。即便是皮带也是经过特别订制的，配有手工制作的搭扣和铆钉。

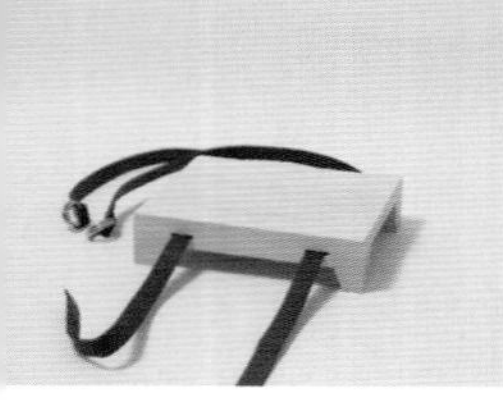

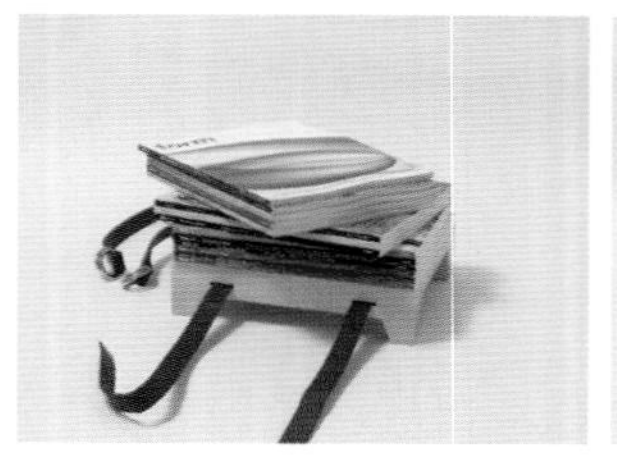

项目：无尽

设计师：德克·范德·库伊（Dirk Vander Kooij）
摄影：德克·范德·库伊（Dirk Vander Kooij）
客户：德克·范德·库伊（Dirk Vander Kooij）

该系列家具藏有独特的建造工序。不同层次中每一片都是在碎片中建筑起来的，使用冰冻的碎片作为原始材料。

制作塑料座椅的传统方式是在模具中注入完成的。这种生产方式成本较低，但前期在模具上需要大量投入。这就导致了高度不可变更的工序，没有第二次机会，而且还导致了设计过程的流失。手工艺一直都是最灵活的生产方式，但在今天成本已经过于昂贵了。"无尽"的工序就是将手工艺的灵活性与现代自动化的可能性相结合。

罗伯特·赫尔曼在第二职业生涯中（第一生涯是在中国的汽车工厂中作为电焊工度过的），学会了通过持续运动，将融化的可再生塑料螺纹进行喷射的方式，生产"无尽"家具。这种重量级的技工能够根据设计进行不断调整和改变生产家具。现在赫尔曼正在制作座椅、摇椅、餐椅和沙龙桌，未来还会有更多作品。■

规格：680（长）×420（宽）×800（高）×390（深）；
材料：可再生人造材料。

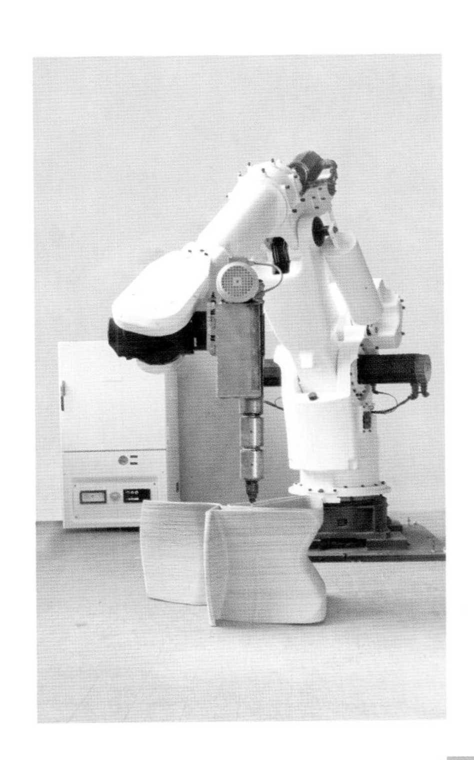

项目：加工纸

设计公司：皮娅设计公司（Piadesign）
摄影：皮娅·伍斯滕伯格（Pia Wüstenberg）
设计师：皮娅·伍斯滕伯格（Pia Wüstenberg）
客户：乌托邦和实用主义（Utopia and Utility）

该系列作品的目的是利用不同种类纸张的组合性能。空的纸质桌腿连接在了胶合板桌面上，桌面铰接在中部。顶部折叠，再放上花瓶，咖啡桌就变成了茶几。

支架是多功能的物品，有多种用途，他们的主要功能就是承重，因此设计的目的是证明纸质部件和建筑的结构性能。设计所带来的美学结果是由原材料加工后的纸质部件决定的。所有适用的纸张均来自可再生纸箱或印刷厂的捐赠。

设计师正在研究如何将现代文化概念性地融入材料的使用中。芬兰是当今世界上最大的纸生产国之一。这通常与国家的民俗学相关。无尽的森林中出产的木材，大部分都制成了纸张。

规格：450（长）×450（宽）×450（高）；
材料：纸张，胶合板。

项目：纸浆

设计公司：黛比·维斯坎普工作室（Studio Debbie Wijskamp）
设计师：黛比·维斯坎普（Debbie Wijskamp）
摄影：黛比·维斯坎普（Debbie Wijskamp）

吸取了不同国家人们使用周围材料建筑自己房子的灵感，黛比·维斯坎普希望能够创造出属于自己的建筑材料。通过废纸的再利用实验，创造出带有自己特性、外观和结构的材料。此外，这还是一种多功能材料，能够适应多种应用。

“纸浆”贮藏柜使用的完全是这种“新型旧”材料，由各种各样长方形板材彼此堆叠而成。一些部分装有抽屉，其他开放式的部分起到了架子的功能。与贮藏柜形成对比的是，“纸浆”器皿是非常易碎的装饰品。器皿的色彩取决于报纸上的墨水色彩，这使得每个碗都别具一格。

材料：可再生报纸，水基粘合剂。

项目：德维拉斯

设计公司：德维拉斯（DVELAS）
设计师：恩里克·卡勒（Enrique Kahle）
摄影：L·安布罗斯（L. Ambrós），L·普列托（L. Prieto），
J·莫雷诺（J. Moreno）

设计团队促进了使用过的风帆的再利用，他们将其转变成现代化的独特设计，创造性的反应使大量弃置的风帆材料得到利用。美学、材料、技术和形式都可以成为新的灵感及设计方式。

设计团队是以调查两种不同行为，设计和制帆术的联合为目的组建起来的。他们希望能够将材料和技术分离开来，并应用到设计行为中去。

规格：坐垫，1480（长）×950（宽）×800（高）；躺椅，3000（长）×2200（宽）×1150（高）；
材料：帆布，纽带绳，聚苯乙烯泡沫，涤纶线，纤维玻璃板条，聚氨基甲酸酯泡沫。

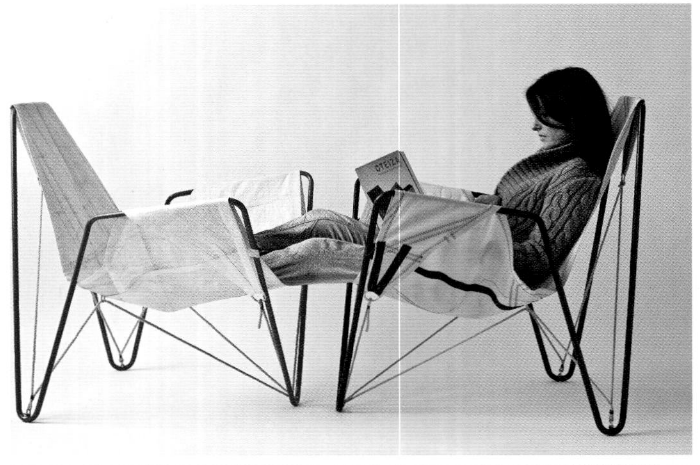
OTEIZA

材料：木材，橙色包装胶带。

项目：不是如此易碎

设计公司：UXUS
摄影师：蒂姆·保瑟曼（Dim Balsem）

通过破坏普通物品的使用和假定美学观点，以期设计达到理想化的质量。平庸的事物超越了本源，阴差阳错的使用成就了意想不到的美感，使之成为唤起人们回忆的杰作。“不是如此易碎”是每种只有一个的改变用途的家具收藏品，由橙色霓虹灯包装胶带制成。该设计倡导新的生活理念，表现出预期的观念，唤起人们对家具元素的记忆。这款家具体现了后唯物主义，是独特、可持续利用并且具有图像性特征的收藏品。

项目：粗略绘制的座椅腿儿

设计公司：考达设计公司（Cohda Design）
设计师：理查德·利德尔（Richard Liddle）
摄影：理查德·利德尔（Cohda Design）

“粗略绘制的座椅腿儿”使用 100% 可再生塑料手工编织。该设计以理查德·利德尔在考达早期的实验性塑料工序研制为基础，生产过程中不使用胶水或额外的嵌固件。加热和技巧就足够了。该设计已经被广泛认可，并成为 21 世纪标志性的环保产品之一，并且被伦敦的维多利亚和阿尔伯特博物馆经典设计奖列为“革新”种类。

英国手工制作，原料是 100% 可再生家用高密度聚乙烯塑料废品（高密度聚乙烯包括牛奶瓶，洗涤剂瓶和食品托盘）。

规格：620（长）×480（宽）×870（高）；
材料：100%可再生家用高密度聚乙烯塑料废品。

项目：潘多拉

设计师：桑德·马尔德（Sander Mulder）
摄影：曼努埃尔·米尔德（Manuel Milde），桑德·马尔德（Sander Mulder）

近几十年，世界经济开始依赖于我们的集装箱运输供给线。闻名于世的坚固方形外观，使得集装箱成为最为世人熟知的工业原型。这种存储系统模块的灵感来自丰富多彩的马赛克，并迅速出现在全世界的各个港口和集装箱码头。这些个体能够堆叠、旋转并衍生出无限的组合，打造出用于居家储存的个性化集装箱码头。

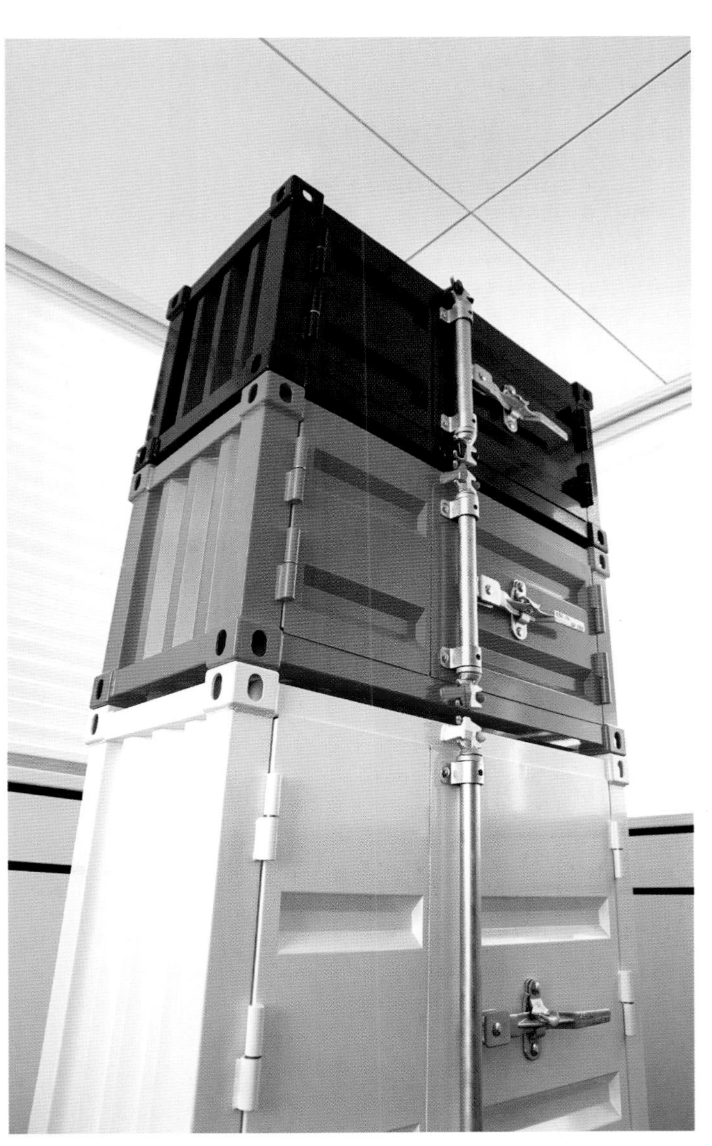

项目：树桩系列

设计公司：乌维科工作室（Ubico Studio）
设计师：奥里·本-兹维（Ori Ben-Zvi），艾丽娅·纳塔尔（Ellia Nattel）

“树桩系列”的灵感始于乌维科工作室附近的工业垃圾罐。大量制作木器剩余的硬木碎屑丢弃在这里。

通过该系列设计的研发，能够清楚地看到成本的降低和社会关联。这些产品还能够帮助工厂残疾人实现再就业。

“树桩系列”的主要目的是用工业废料生产物品，将社会价值和视觉观感融合起来，体现可再生的本质。这项工艺始于潜在原材料的研究，终于木器工厂遗弃的大量硬木碎屑。

他们试图（并努力）将价格控制在200美元范围内，但是面临的主要障碍是设计劳动力的紧缺。这个问题通过将部分产品外包给有残疾人复健项目的工厂进行加工的方式得到了解决。获得额外价值的可能性整合到了作品中，工厂生产中的努力尝试为设计带来了改变和更好的合作。同时，特别援助也支持人们生产“树桩系列”。

规格：330（长）×330（宽）×420（高）；
材料：回收硬木，回收钢带。

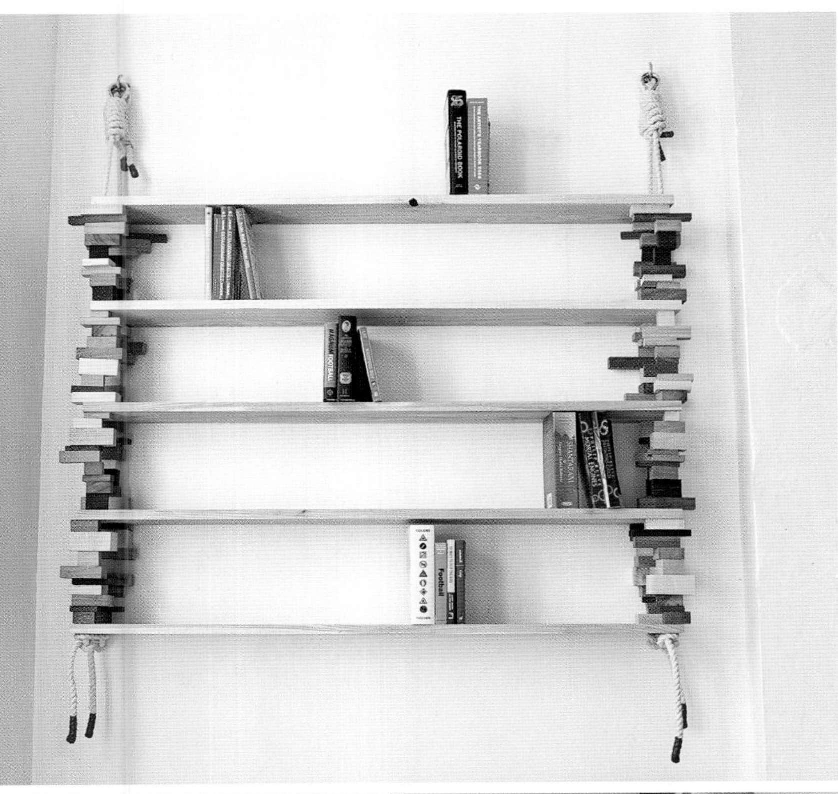

项目：座架

设计师：艾米·哈廷（Amy Hunting）
摄影：艾米·哈廷（Amy Hunting）
客户：瑞典绿色家具（Green Furniture Sweden）

该作品背后的教条非常明显：你能够用木块和棉绳做什么？绳结的传统作用是航海和捕鱼，一拉绳索，架子就拆散了，也很容易重新组装。木料来源是伦敦一家木材进口商的废弃垃圾箱，大约有 20 种未经处理的木材。这就是绳子和木材实验的初步结果。

由于使用的美丽木材废料混合品来自大规模的木板工厂，这些架子可以被骄傲的称为“可再生”作品。所有架子都是独一无二的，使用者可以轻易地重新组装。可以悬挂在墙上和天花板上，也能起到薄分隔墙的作用。

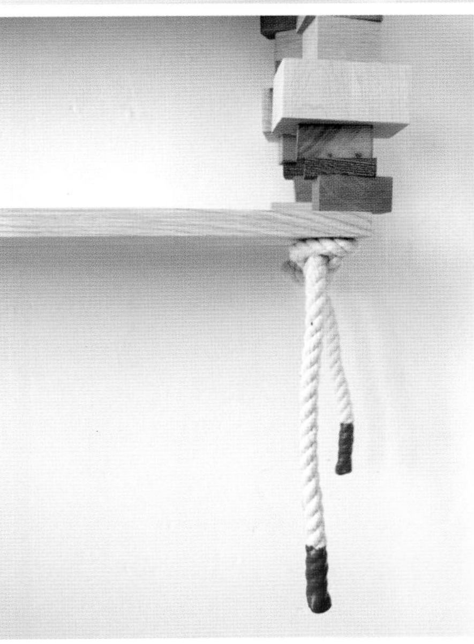

项目：补缀收藏品

设计师：艾米·哈廷（Amy Hunting）
摄影：艾米·哈廷（Amy Hunting）
客户：瑞典绿色家具（Green Furniture Sweden）

书箱放置在书椅上，用于随机存放各种规格的书籍——不用扔的到处都是。书箱可以堆叠可以悬挂在墙壁上，也可以翻转箱子，使用侧面，箱子腿儿就变成了另一个架子。就像同系列的座椅和灯具，这些箱子完全由丹麦工厂产出的木材废料制成，没有螺丝、插销或其他任何东西。

这些灯具是一大块木材切割出来的，组成了小的非标准规格木板。12 盏灯逐一呈现之后，垂饰灯也从木块中切割出来。他们都是完全由木材制成的，不需要固定。在顶部可以悬挂任何裸露的灯泡。12 盏灯可以在内部穿插在一起，便于运输，也可以彼此堆叠。

规格：各种规格；
材料：木材。

WAITING TO DIE
Tokelau
NIK COHN
FOUNDERS AT WORK

FOUNDERS AT WORK
NIK COHN
WAITING TO DIE

每件人工产品都是由自然界中能够找到的天然材料组成的（在基础阶段）。例如来自植物、动物、或是地表的材料。还有一些能够从中（不经过深度修饰）提取出来的材料也被认为属于天然材料，例如矿石和金属。

与塑料等合成的人工材料相比，天然材料对环境更有益。当用于生产时，这些材料不仅拥有更少的消耗，还能为人工工序节省资源，降低环境污染和大气中危险碳放射物的排放。在空间设计方面，天然材料家具表现的更为突出。多数人们将它们用于家居、公共场合甚至户外空间。人们不仅享受到了自然界环绕周围的感觉，也帮助改善和保护了环境。

毋庸置疑，使用天然材料的家具更具有生态性，对环境更有益。书中着重介绍的用于家具的天然材料包括棉花、皮革、木材、竹子、石头、金属和自然纤维等。

天然材料

Natural Materials

in Furniture Design

2

056-097

项目：上下颠倒躺椅

设计公司：弗洛里斯·乌本工作室（Studio Floris Wubben）
设计师：弗洛里斯·乌本（Floris Wubben）
摄影：弗洛里斯·乌本（Floris Wubben）
工艺：鲍克·佛克马（Bauke Fokkema）
客户：人类学，纽约（Anthropologie，New York）

荷兰设计师弗洛里斯·乌本创作出了这件自然生长的舒适座椅，灵感来自自然界。他使用柳树来制作家具的原始部分——这种树有非常多的狭窄灵活的分支，看起来就像是从顶端生长出来一样。他迫使这些分支看起来像是从四条椅腿儿处生长出来的一样。去除躯干部分以后倒转，座位就雕刻在了木材上，这件令人惊奇的作品就完成了。这项工程能够付诸实现还要感谢艺术家鲍克·佛克马的配合。

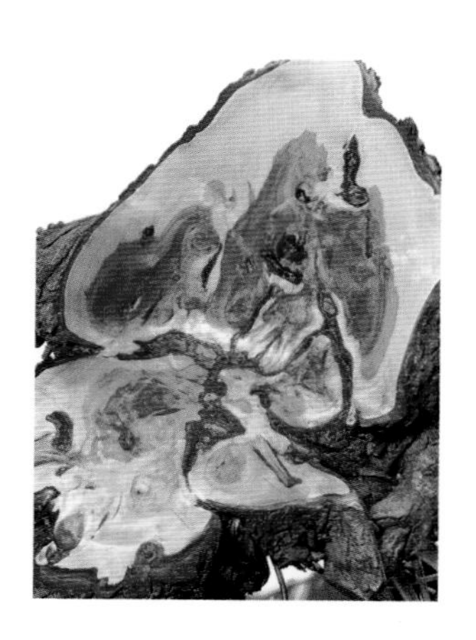

规格：700（长）×650（宽）×800（高）；
材料：柳木。

规格：400（长）×270（宽）×380（高）；
材料：松木，李树枝，胶水。

项目：凳子“驯服的大自然”

设计师：约扎斯·尤尔邦纳维奇乌斯（Juozas Urbonavičius）
摄影：约扎斯·尤尔邦纳维奇乌斯（Juozas Urbona-vičius），维基达斯·科菲（Vaigirdas Kofy）

在这件作品中，狂野的自然服从了功能的要求，同时，首要材料的唯一性和独创性得到了保护和强调。这张凳子拥有两种折叠方法：可以观察里面的本质，使作品更具功能性，或者观察功能性物品无拘无束的灵魂。

凳子由坚固的松木和李树枝制成。生产使用的都是廉价的材料（不规则的木材，修剪后的干树枝）。凳子顶部覆盖着亚麻籽油，粘合只使用了胶水。板凳的设计基调是天然树枝。尽管外观看起来像是即兴创作，但板凳本身坚固而舒适。

项目：独特的贮藏橱

设计师：塞巴斯蒂安·埃拉祖里奇（Sebastian Errazuriz）
摄影师：塞巴斯蒂安·埃拉祖里奇（Sebastian Errazuriz）

纽约基础艺术家和设计师塞巴斯蒂安·埃拉祖里奇（Sebastian Errazuriz）创作了这件雕刻般的贮藏橱。作品延续了艺术家对于功能性和符号性界限的研究，是艺术和设计的完美结合。由80000枚竹制牙签构成的保护层，像盔甲一样安全护卫着贮藏橱，保护内部的私人物品。滑动拉开一系列隐秘的门以后，可以看到内部的机理和多处隐藏隔间。复杂性和劳动密集型工序要求一队12人组成的木工队伍工作6周，将每根牙签敲入预先雕刻好的木质结构中。冗长的工序反映在了贮藏橱的坚硬，以及令人印象深刻的造型上，并将来访者的目光定格在成千上万的点上。

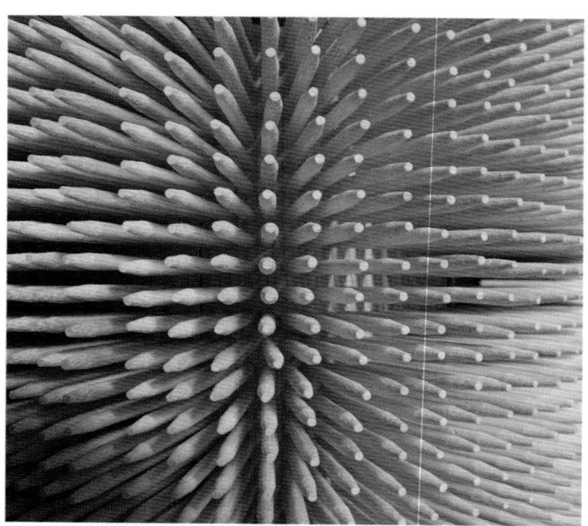

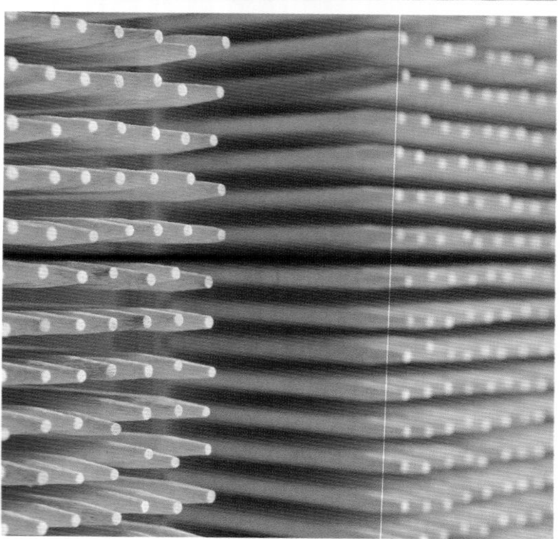

材料：竹子。

项目：竹节2号

设计师：孟繁名（Fanson Meng）
摄影师：孟繁名（Fanson Meng）

“竹节 2 号”使用竹子的方法与传统方式大相径庭。竹子的外形和质地在座椅表面突出展现。空竹梗便于使用者坐在座位上的同时，还能够欣赏竹子的内部质地。竹子的质地透过表面就能够清晰地看到。竹梗的外观类似显微镜下的细胞结构。现代聚酯树脂作为模制材料的应用，使这款竹制长凳脱颖而出，区别于传统工艺工序制作出的家具。材料的对比让使用者从不同角度欣赏竹子，同时也增加了长凳表面的强度。

规格：1090（长）×420（宽）×450（高）；
材料：竹子，聚酯树脂。

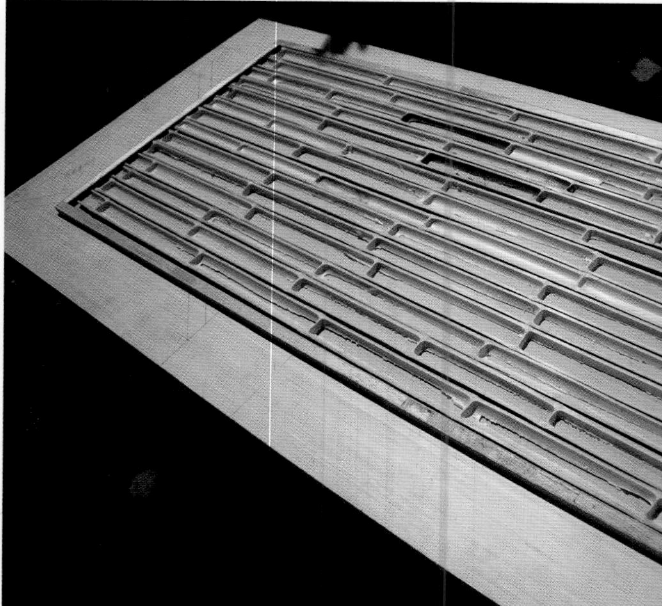

项目：竹节

设计师：孟繁名（Fanson Meng）
摄影：孟繁名（Fanson Meng）

“竹节”是一款带有竹制凳子腿和聚酯树脂表面座位的凳子。凳腿儿和一些竹环并排安置。座位的设计暗示了显微镜下密集排列的竹片细胞。空心的凳腿儿能够从座位上观察到，这种特性也使板凳易于获得。这种形式的竹片增强了模制树脂的强度。这种竹凳能够轻易地实现量产，并且每个样本都是独一无二的。

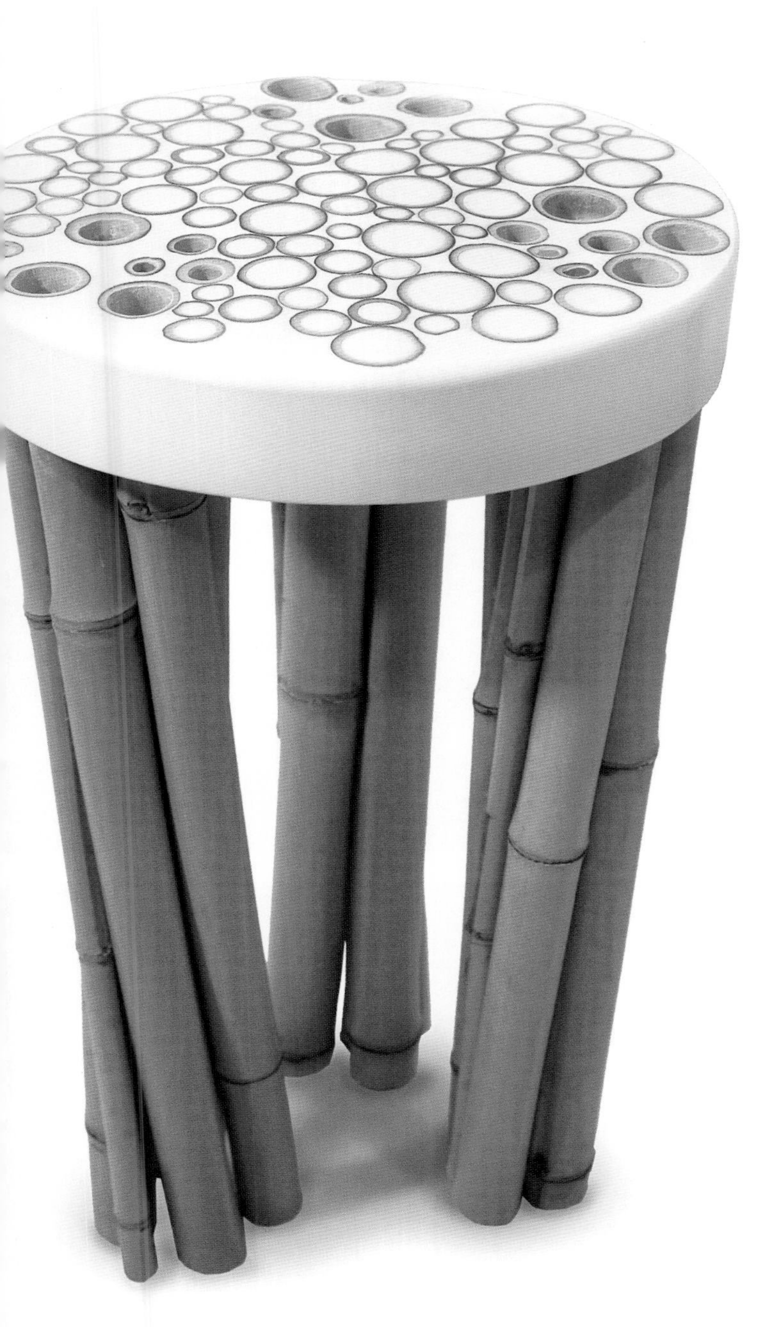

规格：280（长）×280（宽）×480（高）；
材料：竹子，聚酯树脂。

项目：巴卡

设计公司：雅克布·约根森设计公司（Jakob Joergensen）
设计师：雅克布·约根森（Jakob Joergensen）
摄影：万纳·恩瓦尔（Vanna Envall）
客户：日本康德之家（Conde House Japan）

雅克布·约根森（Jakob Joergensen）设计的“巴卡”，使用的板材形状与应用在船内的板材相似。他们能够独立移动，如果组合在一起，则会形成可变的球形形状。使用的材料是木制薄板和将板材粘合在一起的塑料接头。

规格：1000（长）×1000（宽）×1000（高）；
材料：白腊木。

规格：570（长）×330（宽）×700（高）；
材料：万枚松木。

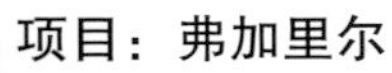

项目：弗加里尔

设计公司：雅克布·约根森设计公司（Jakob Joergensen）
设计师：雅克布·约根森（Jakob Joergensen）
摄影：万纳·恩瓦尔（Vanna Envall）
客户：加莱里·玛利亚·韦特格伦（Galerie Maria Wettergren）

“弗加里尔”是在巴黎加莱里·玛利亚·韦特格伦（Galerie Maria Wettergren）出售的抽屉系统。在富有节奏的律动中，它从简单的盒子变成了具备功能性的雕刻。设计使用的材料是万枚松木木材和在边角支撑抽屉的塑料接头。

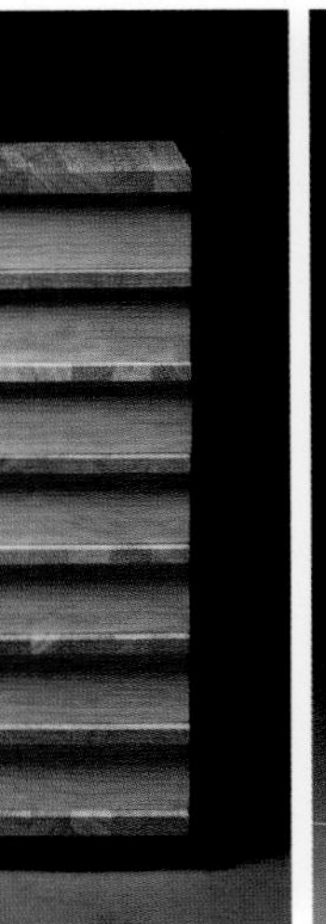

项目：鲍姆

设计公司：雅克布·约根森设计公司（Jakob Joergensen）
设计师：雅克布·约根森（Jakob Joergensen）
摄影：万纳·恩瓦尔（Vanna Envall）
客户：加莱里·玛利亚·韦特格伦（Galerie Maria Wettergren）

"鲍姆"的设计灵感来自树木。四棵树的重复形式创造出简单的凳子，原料使用的是枫木。设计面临的主要问题是如何使用更小的重复元素组成形状。如何用简单直接的生产方式创造看起来复杂随性的形状，随性而带有有机品质的形状，尽管这些形状都是由相同的几何形状构成的。设计师雅克布·约根森对几何并没有兴趣，他只是希望形状能够有更自然的感觉。几何能够引起他的关注，主要是因为这也是一种创作方式，有助于创造和概括复杂、随性的形态。

规格：370（长）×370（宽）×430（高）；
材料：枫木。

项目：无尽的桌子

设计公司：结构工作室（Fabriq Studio）
设计师：温舒曼（Wenchuman）
摄影：芭芭拉·圣·马丁（Barbara San Martin），派勒·卡斯特罗（Pilar Castro）

“无尽的桌子”是为现代家居环境所做的设计，需要具备的是空间最大化所需要的灵活性。根据所使用的立方体的数量以及使用需求，可以对这种复合型的桌子进行伸缩。所有这些增减都是通过连锁系统完成的。设计尽可能的简化，最大限度地使用本地可再生森林中的松木以及涕巴木制成的桌腿儿，具有更强的机械阻力。立方体之间的位移，他们的宽度和桌子腿儿的斜度共同配合，保证了桌子的结构稳定性。

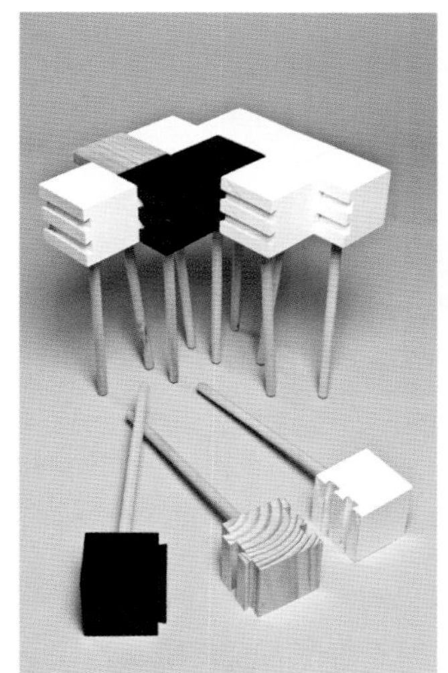

规格：100个立方体，400（高）；
材料：涕巴和松木，油漆和彩色涂层装饰。

项目：螺丝钳座椅

设计师：安德烈斯·科瓦莱夫斯基
（Andreas Kowalewski）
摄影：安德烈斯·科瓦莱夫斯基
（Andreas Kowalewski）

望文生义，该设计的理念起点是以螺丝钳为准则的。始终如一地塑造着座椅的形状，决定着它的美学特性。实现的手段是将椅子腿儿、资料、座位和靠背等所有元素串联起来，最终形成无缝的整体，无论是在结构上，还是在视觉上。座椅是由一整片模塑胶合板制成的，配备软垫的靠背像贝壳一样拥抱着使用者的身体。

这一项目的设计目的非常简单，甚至有点琐碎，设计师希望创造出舒适简单的木制座椅。展示木质材料的美感，以及手工工匠们的技艺。设计师还希望用传统或常规的方式取代新的生产工序的开发，制作出现代木质座椅。他还希望能够表达出舒适感、优雅的比例以及结构细节，例如木质接头，以强调美学观感和座椅的珍贵。座椅的框架使用的是橡木或胡桃，带有软垫的座位和靠背使用的是不同的粗网状织物。■

规格：（宽）×815（高）×540（深）；
材料：栎木，胡桃，装潢织物。

规格：1410（长）×550（宽）×480（高）；
材料：栎木，不锈钢，装潢织物。

项目：施莫贝尔鞋柜

设计师：安德烈斯·科瓦莱夫斯基（Andreas Kowalewski）
摄影师：安德烈斯·科瓦莱夫斯基（Andreas Kowalewski）

“施莫贝尔”的名字，暗示着设计本身对偶函数的特征，是鞋柜与座椅的组合。施莫贝尔重新诠释了过道中家具的传统概念。挑选更换鞋子的同时还能够享受到舒适的座位。配有坐垫的座位与栎木材质完美结合，通过薄铁架支撑，看起来就像飘浮在空中。座位的下方，左右两边都能够找到足够的空间存放鞋袜。设计使用的材料是栎木、不锈钢和装潢织物。

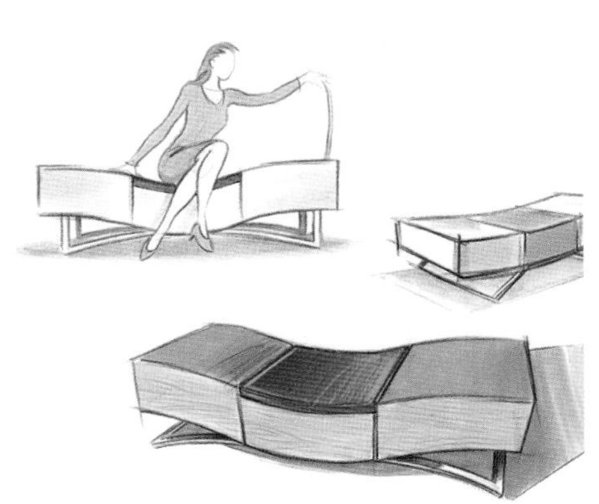

项目：VIKA咖啡桌

设计师：安德烈斯·科瓦莱夫斯基（Andreas Kowalewski）
摄影：安德烈斯·科瓦莱夫斯基（Andreas Kowalewski）

该项目的目的是为了在平面金属上营造出三维结构，同时不使用任何螺丝或额外部件。整个框架仅由一张不锈钢板制作而成；经过激光切割和几次弯曲，最终转换成稳固的咖啡桌结构。每个细节都有结构上的作用，定义了桌子的视觉特征。这一项目开拓了激光切割生产技术的可能性以及钢制品的潜力。餐桌的收尾或是不锈钢涂层，或是不同色彩的覆盖粉末，与坚固的胡桃木、有机玻璃或者涂漆桌面搭配组合。

规格：1000（长）×710（宽）×370（高）。

项目：阿特拉斯

设计公司：贾维设计公司（Jarvie–Design）
设计师：斯科特·贾维（Scott Jarvie）
摄影：斯科特·贾维（Scott Jarvie）

"阿特拉斯"项目开拓了合理化处理复杂几何表面的方法，解决了将雕刻计算机外形转换成构造基础元素时面临的一些挑战。

"阿特拉斯"座椅的灵感可追溯到通过体积设计平角度平面，使用交叉元素生成轮廓创造座椅的空间项目中。复杂几何表面经过合理化的处理后成为二维表面，增加了成为雕刻化工艺的设计的可能性。同时，有效地利用材料，创造出促进结构稳定的系统。■

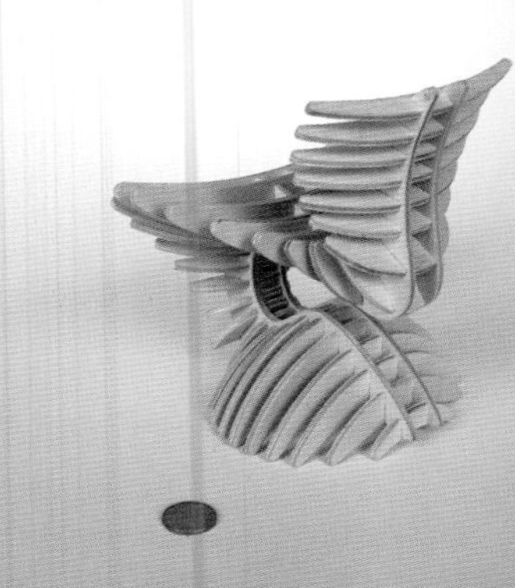

规格：750（长）×760（宽）×550（高）；
材料：桦木胶合板。

项目：楼梯

设计师：丹尼·郭（Danny Kuo）
摄影：丹尼·郭（Danny Kuo）

最有效的建筑方式是垂直的。将注意力集中在高度而不是宽度上，就能够创造出高效的存储设计。但是，高大的存储设计也会产生新问题。因为过高的存储部分很难够到。楼梯作为倾斜的单元连接着书架，在底部的三层架子上安装了可抽离楼梯系统。选择竹子作为原料不仅是因为它的外观，也是因为竹子的可持续利用的特性。

规格：550（长）×740（宽）×2600（高）；
材料：竹子，不锈钢。

规格：1100（直径）×400（高）；
材料：木材，铝。

项目：3×3

设计公司：3帕塔斯（3PATAS）
设计师：弗朗西斯科·罗斯（Francesc Ros）
摄影：阿丽西亚·卡莱（Alicia Calle）

“3×3”是一系列辅助桌子，能整洁地组成一个家庭般的整体。在调查了不同的使用者以后设计师发现，多数情况下，使用者们都居住在有限的空间内（例如城内的公寓）并且正在寻找方法来解决各种各样的需求。无论是宴客、喝咖啡、看电视还是简单的用餐，“3×3”的适应性都能够很好地帮助使用者解决这些问题。巨大的主桌包含两张小桌子，使用者可以将其移除，也可以单独使用。较小的桌子被移开以后，主桌上会出现两个完美契合碗形状的空洞，能够将桌子的功能性分隔开。两个碗中可以盛放水果，孩子的玩具或者在聚会的时候用作盛放饮品的冰桶。使用者们可以通过组合“3×3”的不同元素，定义和创造属于他们自己的空间。

桌子的设计使得无论是配送还是简单的搬家，运输都变得十分方便。桌子腿儿拆卸简便，其他不同元素也易于组装。

“3×3”是西班牙的设计品牌的一部分，由弗朗西斯科·罗斯设计，现在正在巴萨罗那的拉西昂斯二世设计展中展出，2011 年作为 3 帕塔斯藏品的一部分参加瓦伦西亚设计周的人体传承展览。

项目：弗雷兹

设计公司：弗罗里安·索尔设计研发公司（Florian Saul Design Development）
设计师：弗罗里安·索尔（Florian Saul），伊娃·格哈茨（Eva Gerhards）
摄影：弗罗里安·索尔（Florian Saul），伊娃·格哈茨（Eva Gerhards）

“弗雷兹”座椅的特征是其有机、充满活力的形状。这种座椅能够提供令人松弛的地面高度座位，轻便的重量让它的使用变得非常灵活。使用“贝尔马杜尔”法处理过后，“弗雷兹”座椅在室内外就都能使用了。

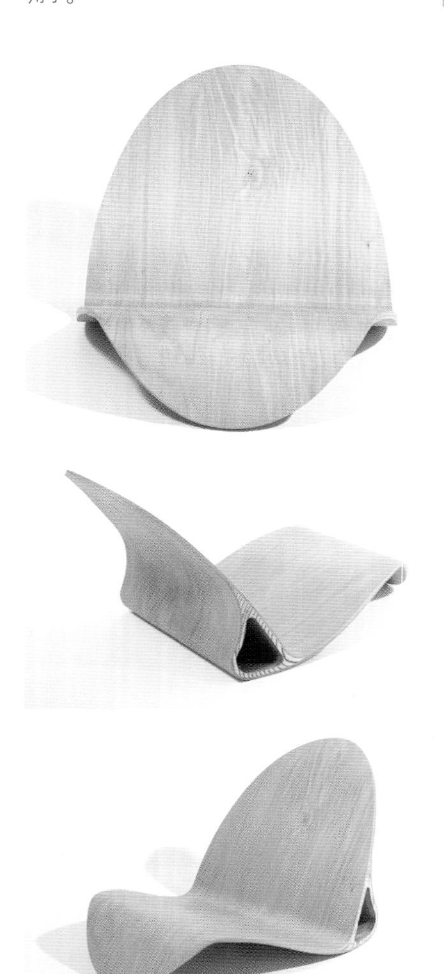

规格：700（长）×600（宽）×480（高）；
材料：贝尔马杜尔（防水胶合板）。

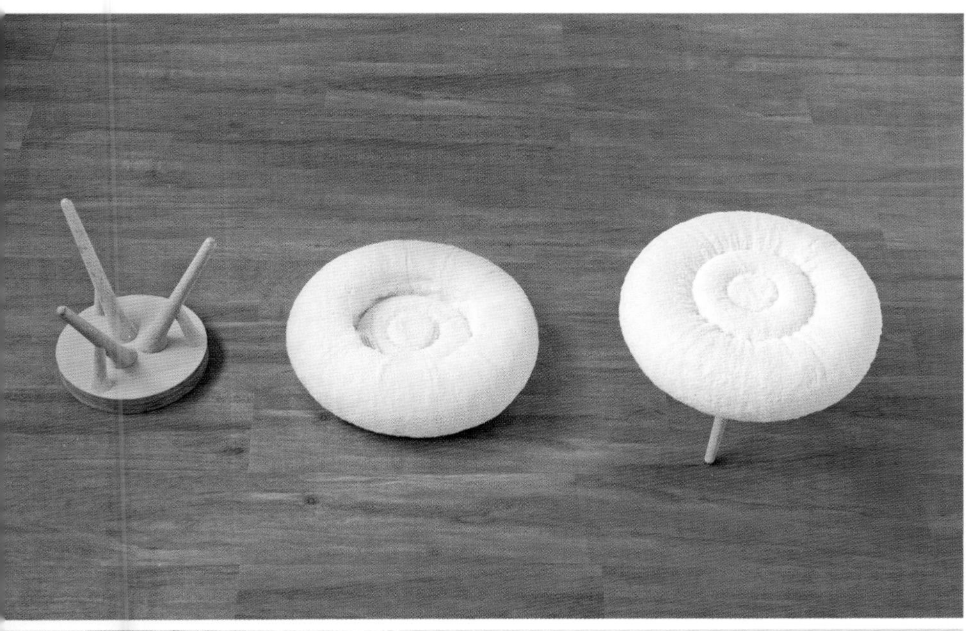

项目：绵羊椅

设计公司：银工作室（Ag Studio）
设计师：银子奇（Tzu-Chi, Yin）
摄影：银子奇（Tzu-Chi, Yin）
客户：好家庭毛巾有限公司（CHO CHIA TING MUFFLER CO.,LTD）

当我们使用毛巾的时候，我们会感觉到非常舒适和温暖。所有这些都使设计师联想到一种动物——绵羊。绵羊给人舒适柔软的感觉，人们会想要去触摸它，跟它嬉戏，把它带回家。因此，如果家具的设计使用绵羊的形式，就能够在家里营造出温暖的氛围。

“绵羊椅”的特征是顶部表面有一处缺口，这样我们就可以在里面放一些东西了（例如：电视遥控器、杂志等），这能使你的空间更加清爽。此外，绵羊椅的表面覆盖着毛巾，能够为使用者增加更为舒适的感觉和体验。

规格：300（长）×300（宽）×360（高）；
材料：龙树木材，毛巾。

项目：安静

设计公司：芙蕾雅设计公司（Freyja）
设计师：芙蕾雅·休厄尔（Freyja Sewell）

统间式办公室和公共建筑、中国中央电视台、在线分档分享、笔记本电脑中的摄像头……人们的联系方式前所未有的便捷，当我们想暂时抽离出来的时候怎么办呢？使用100%羊毛毡的“安静”创造出一个封闭的空间，营造私密感。繁忙的机场、办公室、商场或图书馆的中心地带，使您能够躲进黑暗、安静、自然的空间中。在人口爆炸的年代，提供私密和暂时宁静的静谧空间已经成为不断增值的珍贵商品。“安静”也可以转换成更传统的开放式座椅。羊毛天然阻燃，透气性好，耐用且有弹性，同时还能适应各种气候，冬暖夏凉。当然，羊毛是可生物降解的，所以丢弃后也不需要填埋。

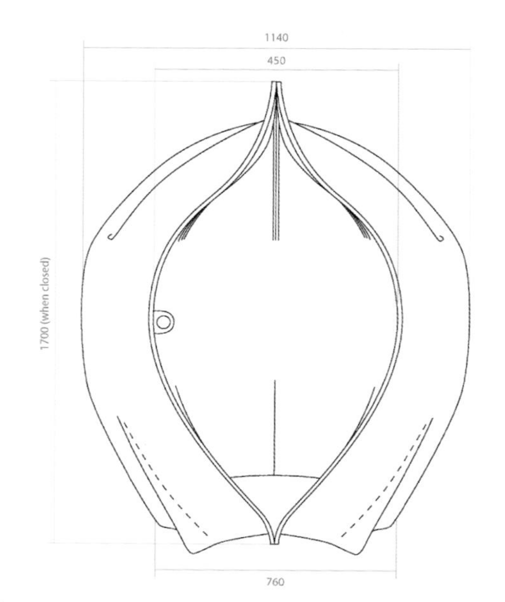

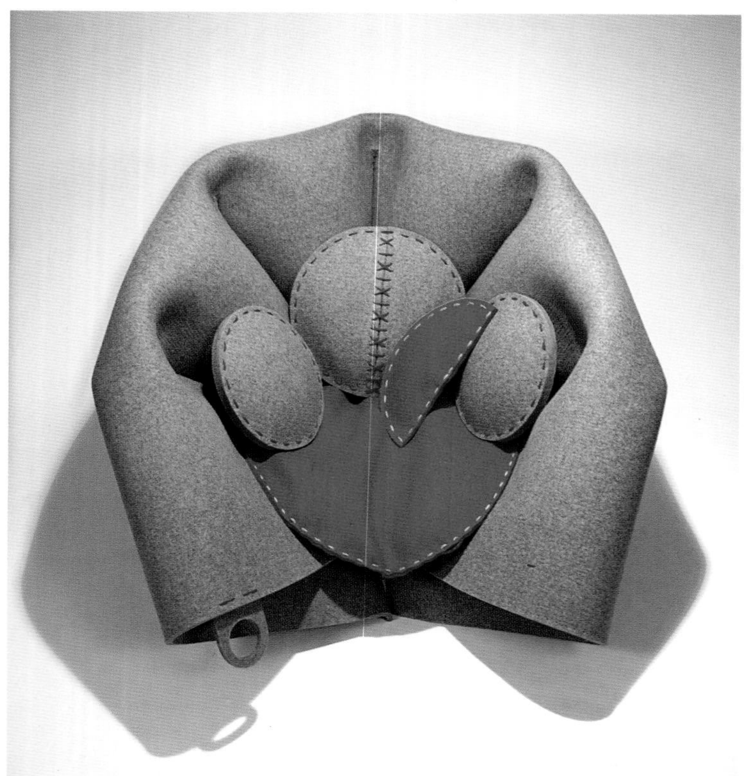

材料：毛毡，可再生羊毛纤维。

项目：活石

设计公司：斯马林（Smarin）
设计师：斯蒂芬妮•马林（Stephanie Marin）
摄影：斯蒂芬妮•马林（Stephanie Marin）

由斯蒂芬妮•马林（Stephanie Marin）设计的“活石”鹅卵石坐垫由纯羊毛制成。坐垫的装饰材料使用了抗过敏多晶硅纤维，座椅围绕“高舒适度”结构进行制作，使用的是山丘状泡沫橡胶。法国生产，顶级品质，环保（纯净，天然材料，羊毛矿物模型的获取都未经过化学处理）等特点保证了非凡的舒适度和杰出的使用寿命。阴影色调，形状和规格的选择十分宽裕，拥有无尽的可变性，能够完美满足任何内部设计的需求。羊毛非常易于清理。由于是纯羊毛，即便是最小的部分也可以洗涤。座位可以进行蒸汽洗涤或者使用特别的泡沫羊毛清洗机。该系列所有有无条纹的模型都是随时可用的，条纹的颜色则是设计师根据“活石”的形状定义的。■

项目：勒·哈扎德

设计公司：斯马林（Smarin）
设计师：斯蒂芬妮·马林
（Stephanie Marin）
摄影：斯蒂芬妮·马林
（Stephanie Marin）

“勒·哈扎德”是长椅、写字板和两组架子的组合。这是一整套家具或三种独立的元素，能够按照您的需求进行排列，或者作为卫星环绕在“睡莲”沙发的周围。空间、形状、色彩和节奏都热切地展示着它们的自由。这是一款储存家具系列。它是一座塔，包括折叠的屏幕、咖啡桌、长椅、写字板、书桌、架子、书橱。这是一套完全的多变性设备，也是一个自主空间。开放式结构透出完全自由的节奏。外形看起来像是一段非正式家具，既对其他部分开放，又保护了个体的内部空间。没有侧面，没有底座，你可以从任意角度看到它，是可以独享也可以与其他人分享的空间。在“勒·哈扎德”中可以触摸到一切。■

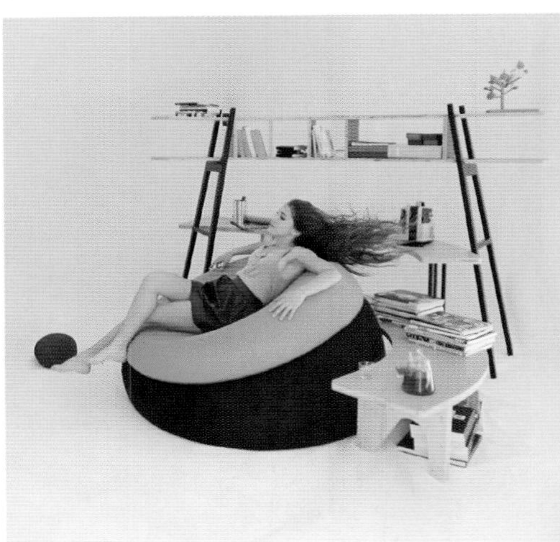

项目：三块积木

设计公司：卡隆工作室（Kalon Studios）
设计师：约翰内斯·鲍文（Johannes Pauwen），米凯利·斯莫灵（Michaele Simmering）
客户：卡隆工作室（Kalon Studios）

“三块积木”是三张拥有方形，圆形和线的自然形状的一套巢状桌子和板凳。三个立方体上可选择的蕨类植物雕刻各不相同。戏谑地说，边缘栩栩如生的雕刻已经凌驾于作品之上了。

森林管理委员会认定中国的竹海出产的竹子是快速生长的天然材料。作为一种草本植物，竹子有着极轻的质量以及强度，能够作为木材的替代品。

卡隆工作室着力开发了装饰部分，以取代其他现有的包含重金属、无机化合物和其他毒素的木材装饰。他们使用的几乎是食品级别的材料，用于工业生产，例如亚麻籽油（亚麻油）、橘皮柑橘提取液、巴西棕榈蜡（唇膏，糖基）。

卡隆工作室在设计中使用水基无毒胶水。他们使用的所有胶水都达到E1标准，而使用在竹片上的胶水满足E13倍以上的标准。

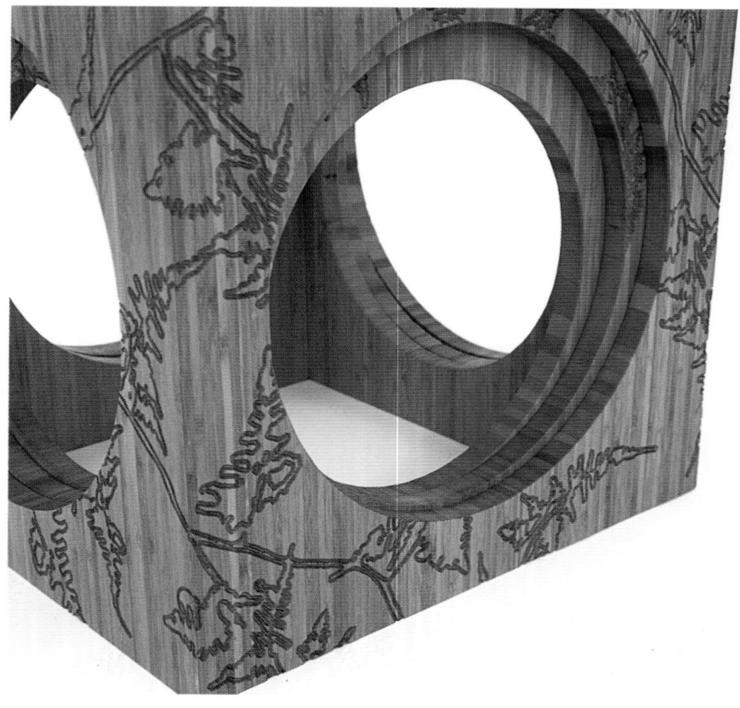

规格：432（长）×432（宽）×432（高）
材料：森林管理委员会认证的竹子，洋槐，黑胡桃，黑莓，枫木。

项目：16/45茶几

设计公司：自由设计公司（Uhuru）
摄影：自由设计公司（Uhuru）

“16/45 茶几”有几种不同规格，每件都参考了北卡罗来纳号军舰上的舰载大直径和大口径弹药的造型。桌子的锥形形状承载着来自战舰的神秘信号。精巧的底座与坚固的子弹形成直接对比。由柚木或旧钢材精制而成的桌子，可以搭配黑色玻璃，并能够调整成三种高度。

桌子是军工路线的一部分，原料是可再生柚木，来自退役的北卡罗来纳号战舰的甲板。这艘战舰是 20 世纪 30 年代布鲁克林海军工厂生产出来的，它曾在第二次世界大战中服役，于 1947 年退役。这艘战舰是可追溯的美国海军历史中装饰最漂亮的一艘。整齐光滑的设计为以后的战舰提供了新的范例。通过研究和借鉴战舰的外形，这套作品在表达对其多次战役中杰出表现的敬意和现代战争的天然暴力本质之间，营造出一种对比。

规格：483（直径）×（419－568）（高）；
材料：可再生柚木，黑色玻璃。

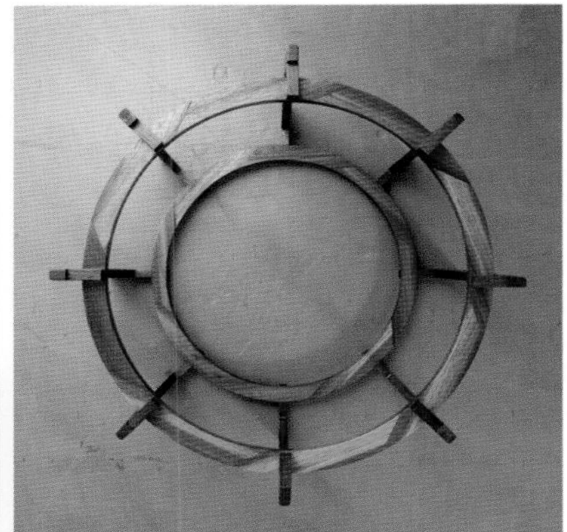

项目：旋风躺椅

设计公司：自由设计公司（Uhuru）
摄影师：自由设计公司（Uhuru）

旋风云霄飞车是康尼岛淘汰下来的功能性乘坐工具。在这里，云霄飞车以躺椅的形式复活，配有清新白色的激光切割金属底座。自由设计公司（Uhuru）将飞车混乱的结构，改制成平整的金属层，侧面灵活地连接在底部，创造出充满活力的立体交叉和真空空间。金属部分以低挥发性有机化合物粉末敷层进行装饰。

躺椅是康尼岛风格的一部分，使用标志性木板路拆除下来的可再生木板，手工制作而成。这些最初在 20 世纪 40 年代安装在木板路上的重蚁木，经历了 70 年的风吹日晒。设计的灵感来自康尼岛的双重性——既有反复无常、色彩缤纷的夏季味道，又有忧郁的冬季风情。设计诠释了幻景般的废弃建筑：位于高耸的老式云霄飞车下方，用符号和季节性涂层修饰的低层建筑。

规格：1753（长）×559（宽）×775（高）；
材料：可再生重蚁木，云霄飞车钢材，粉末敷层。

项目：弹珠餐桌

设计公司：昂特沃尔普多（Ontwerpduo）
设计师：泰内克·伯恩德斯（Tineke Beunders），内森·维林克（Nathan Wierink）
摄影：昂特沃尔普多（Ontwerpduo），莉莎·克雷普（Lisa Klappe）

设计师泰内克坚持的理念是，成人家具世界和儿童家具世界看上去是不归属在一起的。从儿时开始，她就经常将二者结合在一起。她使用家具的木雕作为木偶的运动场，在新的世界中玩耍。泰内克和内森秉承这一感觉，创造出新的家具理念。他们发明了这些功能性木雕——能够游戏的装饰品。他们将这些木雕应用到一些家具作品中，使成人世界与儿童世界结合在一起。桌子里的弹珠游戏，新型功能性木雕，邀请您来玩耍。

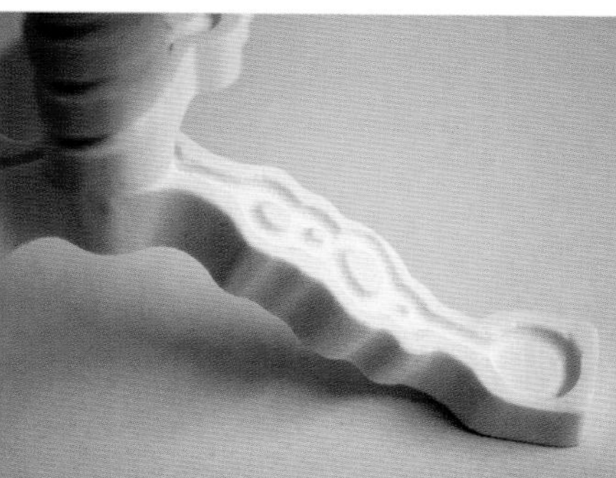

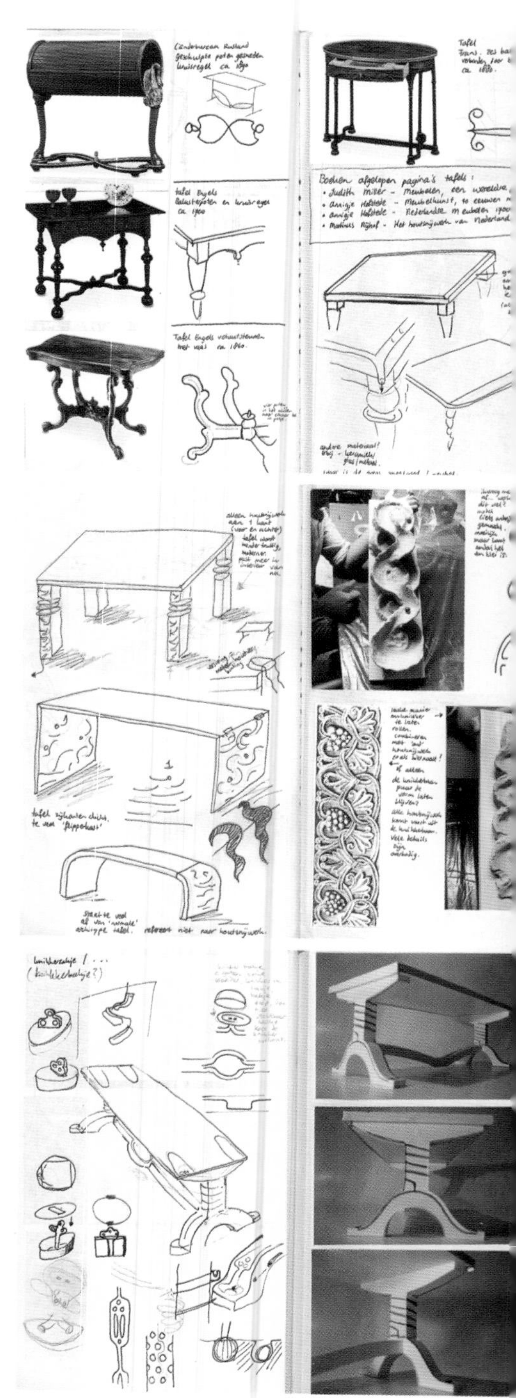

规格：2000（长）×900（宽）×760（高）；
材料：枫树。

项目：高级

设计公司：萨拉·利奥诺设计公司（Sara Leonor）
设计师：萨拉·利奥诺（Sara Leonor）
摄影：肖恩·派恩斯（Sean Pines），乔治·古尔（Jorge Güil），丹尼尔·埃尔南德斯（Daniel Hernandez）

这件作品的灵感源泉在于，通过个体元件的组合，创造出具有雕塑感的造型，同时具有一系列精巧的几何图案。

所有这些元素都驱使萨拉·利奥诺（Sara Leonor）创作出她的第一套功能性艺术作品——“高级”。该作品进行首次艺术展览是在2010伦敦特恩特的展览会上。

“高级”有两方面的含义。从个人角度而言，“高级”是设计师步入设计世界的种子。而从创意角度来看，设计师希望座椅在堆叠时能够隐喻植物的生长功能，即便孤立时依然能够保持这一功能性。

“高级”的原始规格是600mm宽 ×500mm深 ×800mm高。作品在堆叠甚至颠倒时，都反映着萨拉将艺术性和功能性结合的意图，同时也使作品的展览看起来像是整套雕塑形状，而不是一系列单独的个体。

材料：黑钢片，坚固的橡木。

项目：鲁皮塔

设计公司：维克特·阿莱曼工作室（Victor Alemán Estudio）

这款"鲁皮塔"（最漂亮的）独特的设计将座椅上升到了新的高度。"鲁皮塔"不仅仅是作为交谈设计的作品，它还是人们互动空间的概念化产物，是两人的半亲密躺椅。对着的两端形成了与地面高度平行的角度。原料使用了桦木胶合板，表面覆盖着高密度泡沫以求舒适度的最大化。躺椅外观优雅，线条流畅，非常时尚。其简朴和优美的感觉也能引起人们的兴趣。"鲁皮塔"将西班牙家具设计引入了一条新颖、富有创造力的革新道路上。

规格：2070（长）×1070（宽）×1550（高）。

项目：木质吊床

设计师：亚当·柯尼什（Adam Cornish）
摄影：亚当·柯尼什（Adam Cornish）

“木质吊床”是被当做普通布吊床的替换物设计出来的。虽然是由木材制成，但设计的灵活性和舒适度依然能够得到保证。橡胶龙骨使木质部分能够模仿人类脊椎骨进行移动。

分段结构不仅确保了设计的灵活性和舒适度，还能防水防尘，避免这些布吊床的常见问题。这就意味着即使将吊床放在户外，也不用再担心水和树叶的沉积了。

原料使用的是标准种植园木材胶合板，设计实现了材料的经济效益最大化和环境污染最小化。

虽然最初的原型使用的材料是木材，但吊床已经被设计成能够使用多种材料的产品，其中包括竹子等。■

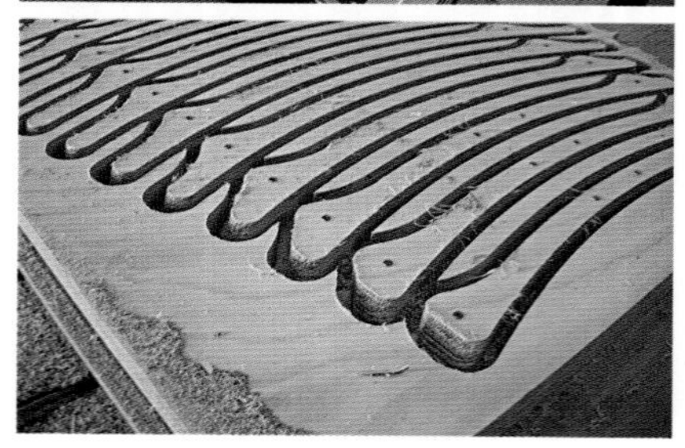

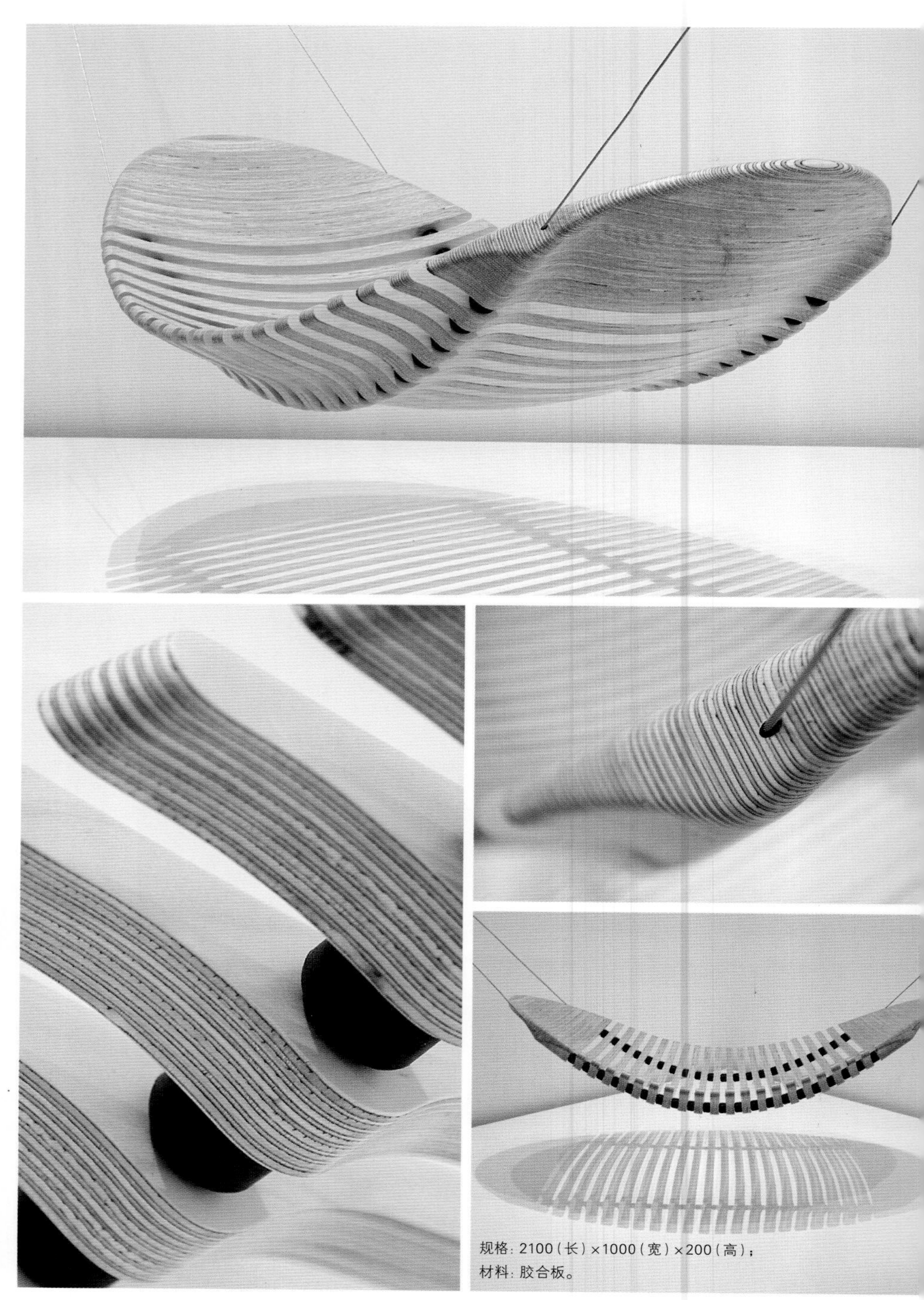

规格：2100（长）×1000（宽）×200（高）；
材料：胶合板。

项目：阿尔维丝绸椅

设计公司：阿尔维设计公司（alvidesign）
设计师：阿萨·阿尔维·卡罗丽娜·卡尔纳（Åsa Alvi Karolina Kärner）
摄影：克里斯汀·孟塔古－埃文斯（Kristin Montagu-Evans）

“阿尔维丝绸椅”——装饰有丝绸螺纹的环保型座椅家具，它被固定在裸露的栎木框架上。其设计的焦点是透明的艺术表达，这种表达创造出了新的形式，并形成失重的错觉。同时，光线照射到“阿尔维丝绸椅”的螺旋式结构上，衍生出新的阴影效果十分美妙。

阿萨·阿尔维·卡罗丽娜·卡尔纳（Åsa Alvi Karolina Kärner）用丝绸螺纹制作座椅的创意来自一次演讲和音乐会，其中使用了有3000年历史的中国弦乐器——古琴，古琴的弦就是丝绸螺纹制成的。长纤维丝绸是最坚韧的自然纤维，有着非常好的耐久性，保存完好的古琴乐器仍然存在就是最好的例证。除此之外，丝绸对环境的影响相对较低。这就是设计师将其用作“阿尔维丝绸椅”原料的原因。

规格：800（长）×650（宽）×1000（高）；
材料：森林管理委员会认证的栎木，环保丝绸螺纹，生态肥皂。

项目：4号躺椅

设计公司：汤姆·拉斐尔德设计公司（Tom Raffield Design）
设计师：汤姆·拉斐尔德（Tom Raffield）
摄影：戴夫·曼恩（Dave Mann）

躺椅使用的是可持续利用的英国本土栎木，运用汤姆·拉斐尔德（Tom Raffield）的弯曲技术，进行蒸汽弯曲塑形。躺椅既是一件艺术作品，又是功能性座椅。在任何环境中，该设计都是一件真正的展品。这充分论证了一点——木材也能够用来创作复杂漂亮的三维外形。

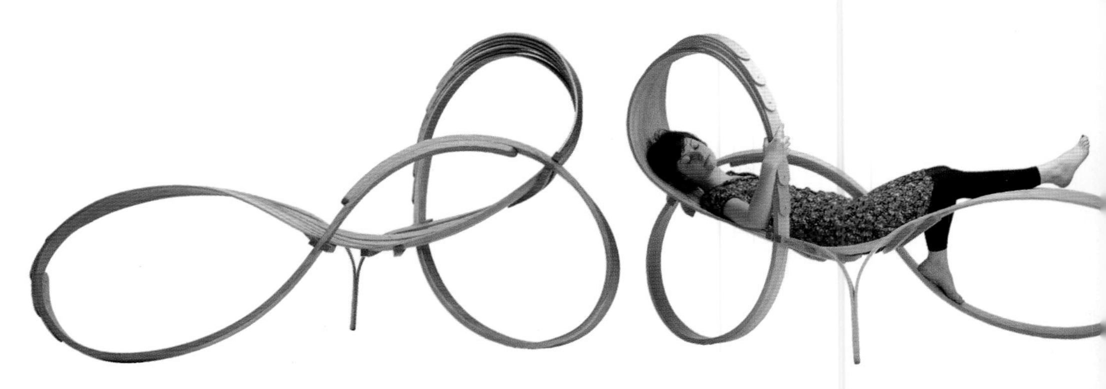

规格：2200（长）x 1000（宽）x 1100（深）；
材料：英国栎木。

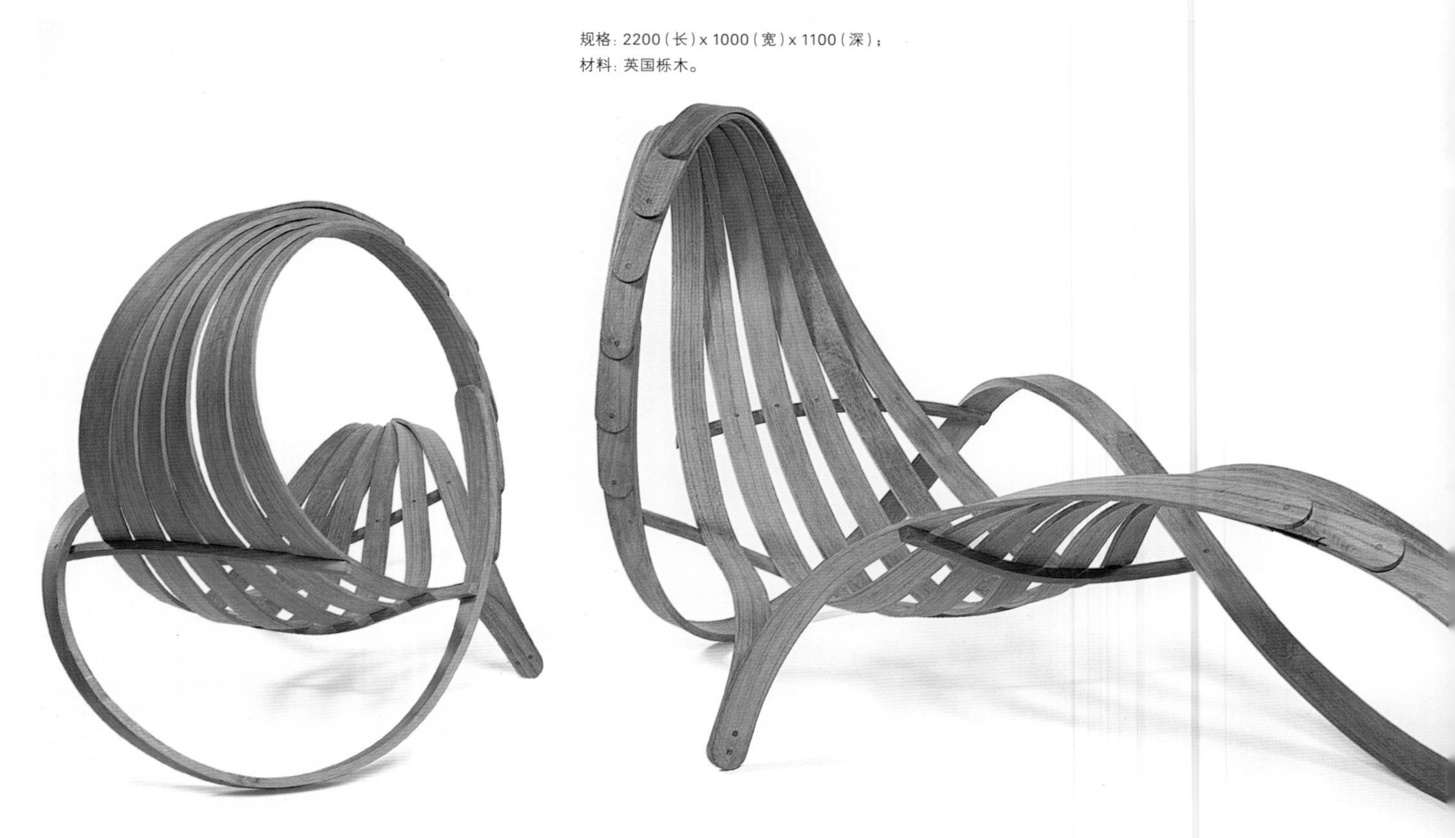

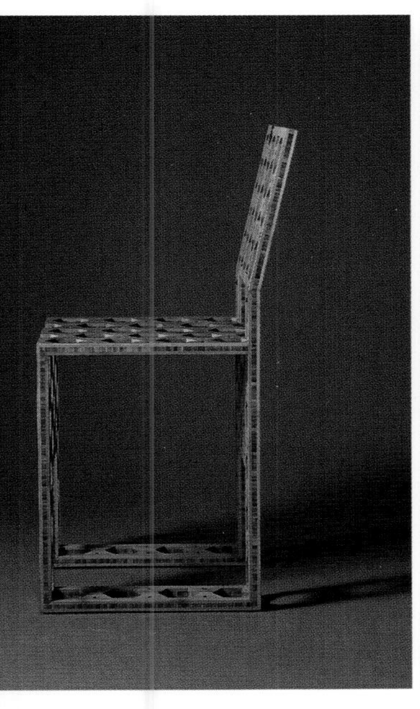

项目：辉夜姬

设计公司：洛特·范·拉图姆设计工作室（designstudio Lotte van Laatum）
设计师：洛特·范·拉图姆（Lotte van Laatum）
客户：竹子实验室（Bamboolabs）

“辉夜姬”（也称为竹心的闪耀公主）是最古老的日本传奇故事。故事讲述的是一位伐竹翁在中空的竹节中发现了一个小女孩。小女孩在竹篮中长大，三个月就成长为一位漂亮的小姐。全国的男性都想娶她为妻，结果只有五个人领受了辉夜姬交给的任务，而最后没有一个人能够完成任务。故事的结尾，辉夜姬被带回了她本来的故乡——月亮。座椅的设计就是以这个故事为基础的，作品的样式是辉夜姬成长中的竹篮的放大版本。二维铣床模式用以执行制作过程。传统样式中融入了西方风格。座椅使用了 20mm 厚的三层竹片。■

规格：433（长）×423（宽）×978（高）；
材料：毛竹3层纯压焦糖胶合板（毛竹尾毛竹）。

项目：简单的练习

设计公司：弗雷娜设计公司（Freyja）
设计师：弗雷娜·休厄尔（Freyja Sewell）
摄影：弗雷娜·休厄尔（Freyja Sewell）

“简单的练习”是一款遵循两项原则的板凳：首先，设计力求简单直接，制作成本最小化。其次，制作材料完全使用竹子——无论是不可思议的强度、美观和低廉的成本，还是自然生成的管状外形，都确保了作品用途的广泛性。由于近年来其他竹制材料，如层压板的研发，这套设计的应用范围变得更为广泛了。日常用品中大量可持续性产品被塑料、硬木或金属所取代，弗雷娜·休厄尔从中看到了巨大的市场前景。竹子是地球上生长最快的植物，与其他等高的树木相比，能够制造 3.5 倍的氧气，同时吸收 5 倍的二氧化碳。完成服务使命后，该设计也可以直接丢弃，不用做无休止的填埋。

“简单的练习”将现代竹制层压板和竹织物与自然竹管结合在了一起。管状结构在经过独特的“铰链”移动后，在视觉上更接近现代化的中性木材。作为一件低调的作品，它能够被安置在很多不同场所和家庭环境中，产品已经为工业化、可持续利用及量产做好了准备。作品强调不使用其他材料，不使用胶水和钉子，结合部分利用了竹子的天然特性。板凳（无垫）只使用了三种不同的部件，共七部分，使用的是 100% 的竹子。层压板制作过程中使用的胶水也是可生物降解的。■

规格：300（长）×300mm（宽）×420（高）；
材料：竹子，竹制层压板，竹织物，竹填充物，竹螺纹。

项目：生命，马属，奴隶

设计公司：弗罗里安·索尔设计研发公司（Florian Saul Design Development）
设计师：弗罗里安·索尔（Florian Saul）
摄影：弗罗里安·索尔（Florian Saul）

该系列的桌子，凳子和衣架使用的是传统弯木生产技术。每部分作品的基础元素都是蒸汽弯曲栎木技术制成的闭合结构。特有的曲线和稍带倾斜的线条是使风格和谐统一的组成部分。部件的所见和成本的最小化使整体设计简洁、朴素，给人一种特别的感染力。木材和皮革等可持续材料的使用强调了设计的自然性和手工特征。■

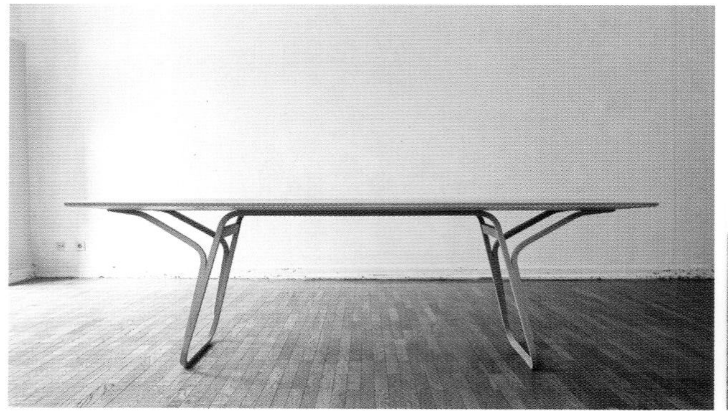

项目：起床，细茎针草

设计公司：马丁·阿苏阿工作室（Martín Azúa Studio）
设计师：马丁·阿苏阿（Martín Azúa）
摄影：马丁·阿苏阿（Martín Azúa）

"起床"是一款为休息和放松设计的家具收藏品，不使用的时候可以自由地直立起来，只占据非常少的空间。所用原材料是细茎针草，一种产自当地的自然植物。

规格：模型1380（长）×300（宽）×700（高）；模型2650（长）×450（宽）×450（高）；
材料：细茎针草，夯实的蔬菜纤维，天然骨料。

规格：950（长）×700（宽）×550（高）；
材料：松木，白腊木。

项目：鹰巢椅

设计公司：弗洛里斯·乌本工作室（Studio Floris Wubben）
设计师：弗洛里斯·乌本（Floris Wubben）
摄影：弗洛里斯·乌本（Floris Wubben）

鸟巢是一件充满创造性的自然建筑作品。作为一名经常跟天然材料打交道的设计师，乌本经常被这些“自然建筑”所吸引。“鹰巢”是这些自然建筑中的一首颂歌。在寻找树枝的过程中，这种形态特别吸引设计师。这些木质树枝的特殊形态在进行设计创作时也给予他很多灵感。制作巢的过程中还使用了蒸汽弯曲白腊木。连接白蜡板条的是白腊木销和木材胶水。框架则是由天然树枝制成的。

项目：鸟巢

设计公司：马库斯·约翰逊设计工作室（Markus Johansson Design Studio）
设计师：马库斯·约翰逊（Markus Johansson）
摄影：马库斯·约翰逊（Markus Johansson）
客户：马库斯·约翰逊设计工作室（Markus Johansson Design Studio）

“鸟巢”几乎是直接从森林中走出的设计，用自然形态去冲击直接、刻板、传统的现代唯美主义外形。“鸟巢”是家里的巢穴，看起来就像是混乱旋转的钉子，在这里人们可以放松身心。座椅的设计给人强烈的动态和对称错觉。

这件作品是2010年学校项目的产物，最终定稿是在2011年。座椅是没有按照“正确”角度，自由组合的圆形钉子，完全是木制的。设计师曾经在计算机数控机器的帮助下，同时使用新老技术来进行闩的弯曲和钻孔，以求达到精确的安装。每个较厚的钉子都是相同的，并且被切断成不同的长度，以求达到为作品减重的目的。

2012年，鸟巢成为纽约艺术和设计博物馆永久藏品的一部分。座椅的第一印象可能看起来不太牢固，但仔细研究后就会发现，座椅不但牢固而且舒适。■

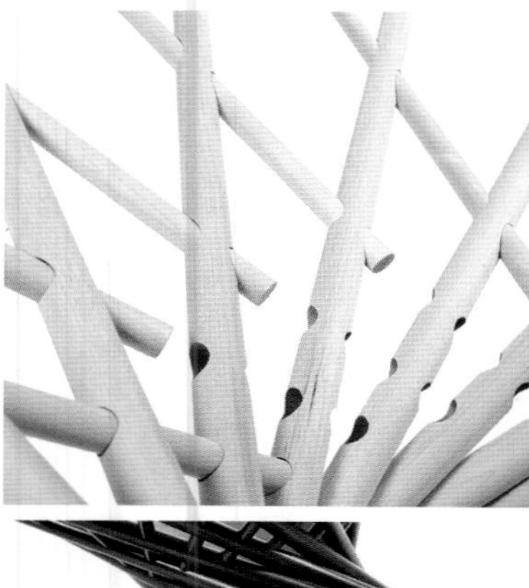

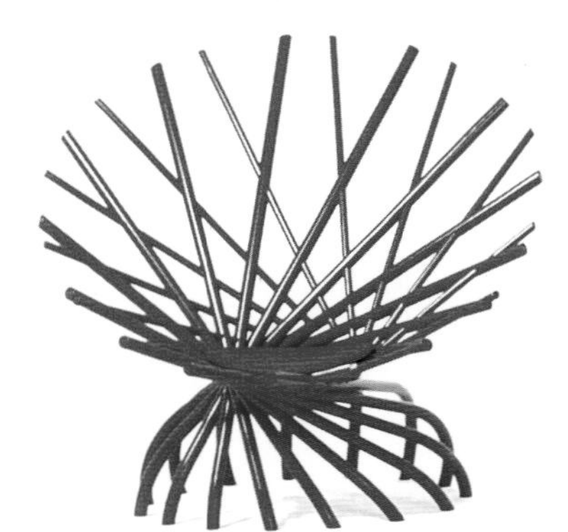

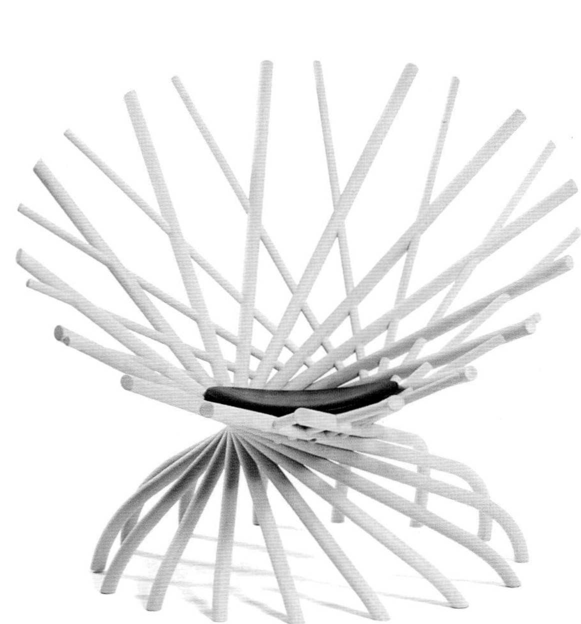

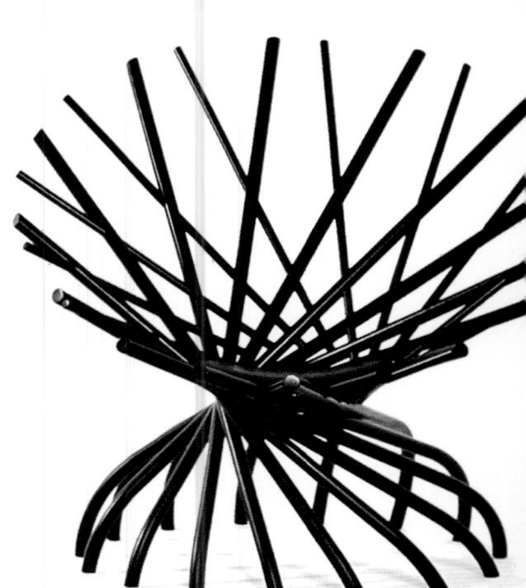

项目：埃尔达座椅

设计公司：新月设计公司（Scoope Design）
设计师：埃尔达·贝洛内（Elda Bellone），戴维德·卡尔波恩（Davide Carbone）
摄影：城市生活摄影（citylifephotography.com）

“埃尔达”是一种“座椅活梯”，一种再设计，一种结构的再思考，外观、结构、设计和形象尚未为人所知，但却真实存在的物体。设计结果是一些新颖、干净并令人惊奇的元素融入其中。“埃尔达”是一款功能多样、充满活力的家具作品，配备了富有幽默感的功能性组件。简单的家用物品常规含义中还加入了新的元素，当将其转换为“阶梯”模式的时候，有趣的可交换部件也能够保护家具不被刮伤。“埃尔达”从构思到生产完全使用可持续材料，从木质结构，到表面喷涂抛光；100% 羊毛毡罩和充满吸引力的联锁系统将其固定在适当位置。设计的所有注意力都集中在可持续使用和零污染上。

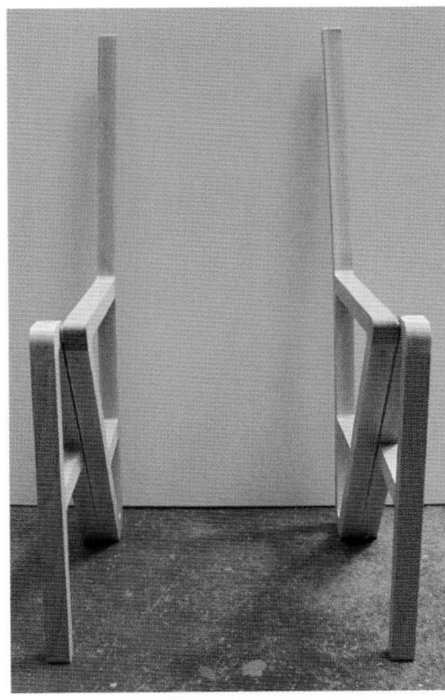

规格：550（长）×470（宽）×870（高）；
材料：木材，毛毡。

项目：奇吉和扎吉

设计公司：弗朗姬设计公司（Frankie）
设计师：弗兰克·纽利凯德尔（Frank Neulichedl）

“奇吉”是一款体量巨大的沙发椅，尽管高度只有 8 英寸。“奇吉”不仅代表着新的外观设计，更代表着一种坐的新方式。不规则的四边形设计与尖锐的转折线条相结合，使整个设计看起来更有活力，这能让其他座椅由于“嫉妒而发狂”。

“扎吉”表现得有些“害羞”，原因仅仅是因为膝盖部分的内翻设计。但这些的确赋予该设计特性，使其以一种无法抗拒的方式散发出魅力。设计带给扎吉的明亮、优美的造型和强大的功能，不仅仅被设计师本人所欣赏，那些正在寻找随意性特征和不规则生命力的审美家们也会喜欢。“奇吉”和“扎吉”由自然蜂蜡山毛榉制成，原料包括可持续资源和生态胶水，完全不含金属。

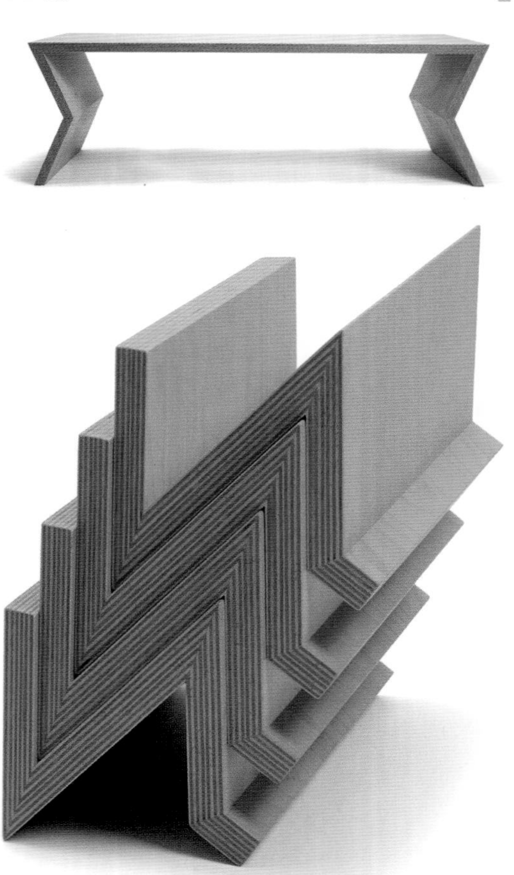

规格：扎吉：1400（长）×700（宽）×450（高）；
材料：复合山毛榉。

项目：跷跷板餐桌/科泰西桌

设计公司：玛琳·延森生产设计公司（Marleen Jansen Product Design）
设计师：玛琳·延森（Marleen Jansen）
摄影师：维姆·德·莱乌（Wim de Leeuw）

该设计是一件交互艺术品，挑战使用者的餐桌礼仪，是在玛琳名为“被强迫自愿”、讨论餐桌礼仪的博士论文完成后研发出来的。如何驾驭产品？如何能够防止人们在就餐时离开餐桌呢？为了解决这一问题，玛琳·延森设计了这款带有拉锯座位的桌子。如果一个人离开餐桌，坐在另一端的人就会跌到地板上。■

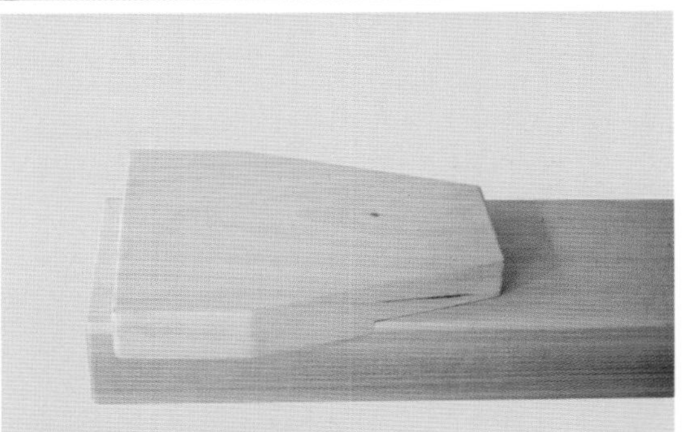

规格：2600（长）×800（宽）×810（高）；
材料：郁金香树，不锈钢。

项目：树桩和树干

设计公司：卡隆设计工作室（Kalon Studios）
设计师：约翰内斯·鲍文（Johannes Pauwen），米凯利·斯莫灵（Michaele Simmering）
客户：卡隆工作室（Kalon Studios）

"树桩"的灵感来自原始的板凳——一段树桩。原生态、未经雕琢的设计颂扬了树干的自然品质。"树桩和树干"是由树干原木切割而来的，所以截面的年轮和风化而致的裂口的赋予每件作品以独特的外观。

森林管理委员会认证过的枫木和白蜡木都是北美家具的常用材料，是卡隆设计工作室产品在当地的出品种类。设计中使用的生材，大部分来自被风暴破坏的树木。为了维护森林的健康，最好的木材选择就是合理化管理本地资源的木材，本地木材在运输过程中消耗的能源较少。卡隆设计工作室对于树木的纹理结构没有做任何限制。通常只有理想纹理结构的木材才能够在市场上销售。■

规格：216（长）×216（宽）×305（高）；树干，660（长）×216（宽）×216（高）；
材料：森林管理委员会认证的100%坚固枫木，白腊木。

规格：咖啡桌，1000（长）×500（宽）×400（高）；
板凳：330（直径）×450（高）。

项目：刨花

设计师：约阿夫·阿维诺阿姆（Yoav Avinoam）
摄影：比撒列（Bezalel）

该设计使用来自木材工厂的锯屑，对我们看到的现代文化中的材料使用和开发做出了回应。锯屑（来自不同种类的木材）结合树脂被压入已包含所有物体部件的模具，锯屑通过接头扩展，向边缘扩散自然地将桌腿与桌面结合起来。这些本来注定成为废料的锯屑在设计师手中实现了新的材料美学应用。

在所有设计中，先进的材料和高科技一直扮演着重要角色。随着科学和技术的发展，工业设计中的产品设计、家具、照明等，正在结合现代技术和各种新开发的材料，逐步取得了革新性的快速发展。现代生活中，不难发现很多家具都采用了高科技或精良的手工艺，又或者精巧的概念。这种有着惊人创造力和极好创意的设计，使我们的生活更加舒适便捷，同时也使我们感受到强烈的时代气息。

使用人造生态材料、高科技生态材料或者创新生态理念的作品，也可以被当做是生态设计。人造材料与生态材料之间并不存在矛盾。相反，本章中包含的精彩作品就为我们展示了采用高科技或一些独特人造技术的创意家具，都有着怎样的生态性，到底是什么样子。

本章中收录的家具作品采用了不同种类的现代技术和材料，例如碳纤维、纸水泥、纳米镀膜、聚氨酯薄膜、玻璃填充尼龙、滚塑成型技术和一些设计师们自主研发的新型生态材料。一些优秀设计师分享的非常杰出镀膜的生态概念也在书中进行了分享。

家具设计中的技术与工艺

Technology & Crafts

in Furniture Design

3

100-137

项目：卷心菜座椅

设计公司：恩德设计公司（Nendo）
设计师：佐藤大（Oki Sato）
摄影：林雅行（Masayuki Hayashi）
客户：21世纪人类展览（XXIst Century Man Exhibition）

恩德的“卷心菜座椅”是为了21世纪人类展览所设计的，该展览是由伊西三宅负责管理，目的是为了庆祝21世纪的第一个周年纪念——在东京六本木举行的21设计视野。在原始的纸张生产工序中加入了树脂，能够增加强度和塑形能力，褶皱给予座椅伸缩性和像弹簧一样的弹性，设计的整体观感虽然显得粗糙，但却能为使用者提供柔软舒适的使用体验。座椅没有内部结构、没有涂漆，也没有使用钉子或螺丝钉进行装配。这种原始的设计温和地回应了结构和配送成本以及21世纪面临的环境问题。因此，“卷心菜座椅”非常适合积极、乐观、努力前进的“21世纪人类”。此类人的特点是，要借鉴三宅和恩德进行的会议中三宅曾提出的概念，“不要只是穿着衣服，把他们的皮肤也剥下来”。

规格：700（长）×600（宽）×750（高）；
材料：无纺布褶裥织物。

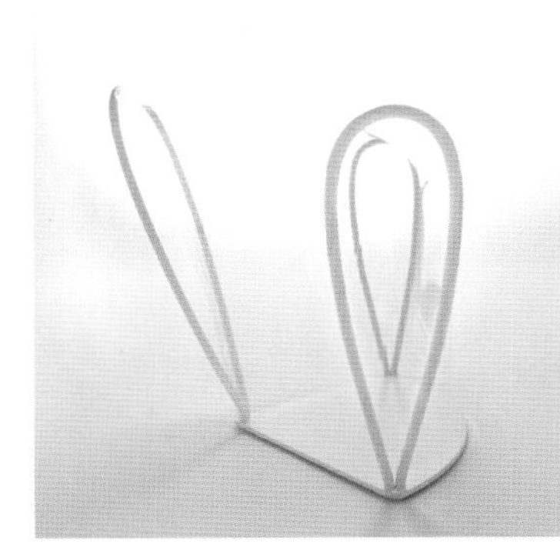

项目：透明座椅

设计公司：恩德（Nendo）
设计师：佐藤大（Oki Sato）
摄影：林雅行（Masayuki Hayashi）

该座椅是由聚氨酯薄膜制成的。由于这种材料具有良好的弹性和复原性，所以常用作易受震动的精密仪器和产品的包装材料。座椅看起来好像只是由靠背和扶手组成。容纳和支撑身体的薄膜形态就像是吊床，为就座者提供轻盈、漂浮的感觉。

规格：600（长）×920（宽）×690（高）；
材料：粉末涂层钢，聚氨基甲酸酯薄膜。

项目：福音战士儿童座椅

设计公司：h220430
摄影：山本育宪（Ikunori Yamamoto）

人们在儿童时代，能够有效地将事物组合在一起，因此儿童时期多接触高级设计，培养丰富的感知性是非常有效的。尽管如此，令人不幸的是，高级设计很难应用在儿童产品中。为这些创造未来的孩子们做设计显然是非常必要的。因此，专为儿童设计的“福音战士系列座椅”应运而生。只要转动木板再用线固定起来，椅子就完成了。由于椅子能够还原成平面形状，所以只需要很小的空间就能够储存，在运输时还能够节省能源和成本。用于制作福音战士系列座椅的材料质地轻盈，灵活性好，有较好的耐久性，且色彩丰富。如果材料不小心进入口中，也不会造成危险，非常适合儿童。此外，考虑到材料的高度可再生性、无二恶英产生、环保等特点，该材料非常适合未来将扮演重要角色的儿童们。■

规格：440（宽）×800（高）×500（深）；
材料：聚氯乙烯。

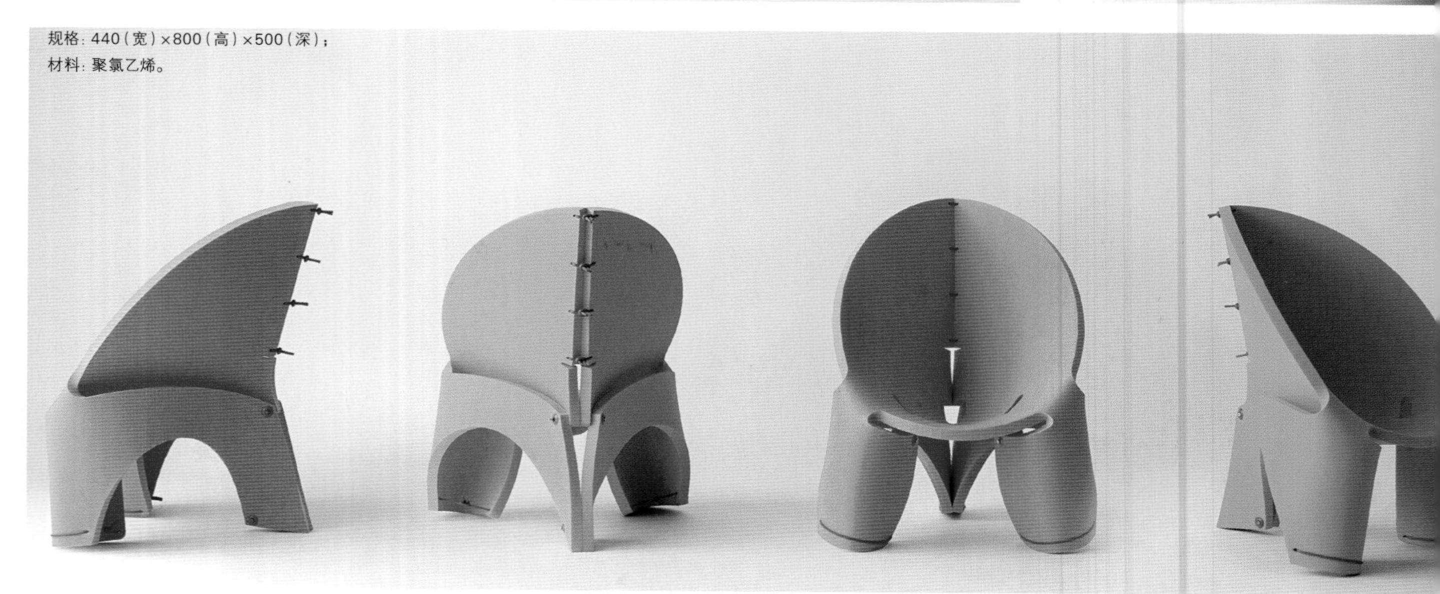

规格：630（宽）×750（高）×670（深）；
材料：钢，聚乙烯。

项目：常春藤座椅

设计公司：h220430

生活在最大限度排斥自然的城市里，我们已经逐渐淡忘了我们需要依靠的自然力量，只有当自然灾害来临时，我们才会想起。毫无疑问，我们应该欣赏和尊重自然。“常春藤座椅”上白色的叶子就像是一种从都市中除去自然的隐喻。“常春藤座椅”的设计意图是让使用者感觉舒适，仿佛置身在树木和鲜花的包围中。促使人们去思考自然。这已经超越了座椅本身应有的功能。

项目：棚屋

设计公司：卡隆设计工作室（Kalon Studios）
设计师：约翰内斯·鲍文（Johannes Pauwen），米凯利·斯莫灵（Michaele Simmering）
客户：卡隆设计工作室（Kalon Studios）

“棚屋”是对木马玩具的重新诠释。作品由森林管理委员会认证的坚固木材积木制成，使用了 5 轴计算机数控机械，雕刻的星形图案既是装饰元素，也是机械加工时间的合理利用。该设计并没有重修表面来隐藏机械加工线条，而是将这些线条融入作品中，成为一种装饰元素，减少了 75% 的表面机械加工时间。

儿童“棚屋”的设计使用的是本地产可持续树脂和 100% 可再生工业材料，最后以亮色装饰。

生产“棚屋”作品使用计算机数控机械碾磨机和手工喷涂工具制成。卡隆设计工作室雇用了高科技数字生产和传统手工艺家具制造者的混合团队。计算机数控机械碾磨是生产的时间最大化、劳动力和材料最佳率利用的最佳形式。

棚屋树脂座椅使用机械切割、自动成形的工序，每次生产一件，生产过程中不会产生不必要的部件浪费。

规格：儿童，500（长）×500（宽）×250（高）；成人，700（长）×700（宽）×350（高）；
材料：经森林管理委员会认证的竹子，洋槐，黑胡桃，黑莓，软木，枫木。

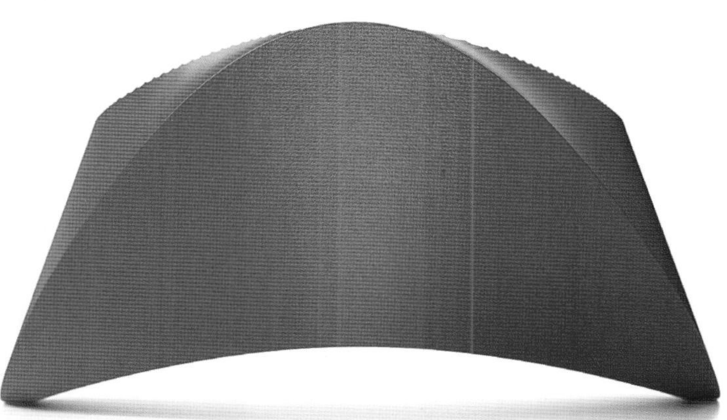

项目：方格座椅

设计公司：吉冈德仁公司（Tokujin Yoshioka Inc.）
设计师：吉冈德仁（Tokujin Yoshioka）
摄影：纳卡萨，拍档公司（Nacasa & Partners Inc.）

吉冈德仁进行了众多的实验，将很多时间都投入到了这款座椅的研发设计当中，从构思到完成共花费三年。他希望创造出全新的座椅，一种从未出现过的，能够给人们灵感的作品。

这款座椅的概念来自吉冈德仁在《国家地理》上读过的一篇文章。这本美国颇负盛名的杂志中的文章提到，纤维被吹散的时候就像蜘蛛网，还提到了光学纤维，并从科学和技术角度预言了不可思议的纤维的未来，他的目光看到文章的那一刻，对于未来坚定的构想就在他的头脑中形成了。

他的未来结构创意是，打破常规信条，不使用坚硬的材料增加强度，而是系统地组织其细小的纤维，通过分散压力获得更高的强度。

吉冈德仁想知道他究竟能否创造出一种全新的座椅。纤维本身就是结构体，给人的感觉就像是坐在空气中。经过大量的试验和错误后，他设计出了一种座椅，直至窑炉中烘烤后才能看到最终的造型。他还根据世界上每个人都非常熟悉的食品，为作品取了一个名字——"方格座椅"（方格为意大利面包）。

"方格座椅"的制作步骤与面包烘焙非常类似。滚动半圆形纤维块，插入纸质软管，并将其放入104摄氏度的窑炉中烘烤，这样纤维就会对座椅的形状形成记忆。这与传统座椅的制作方法大相径庭，像面包一样的座椅。吉冈德仁相信带有独创感觉的"美味"舒适方格座椅，经由全新创意的革新工序、材料和结构，已经完成了"烘烤"。■

规格：760（宽）×800（高）×760（深）；
材料：纤维。

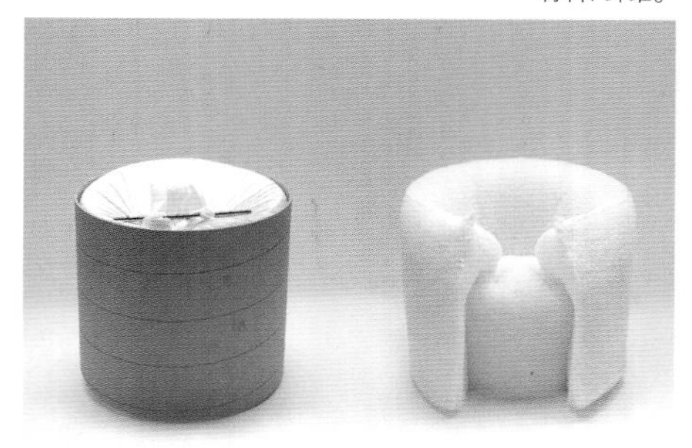

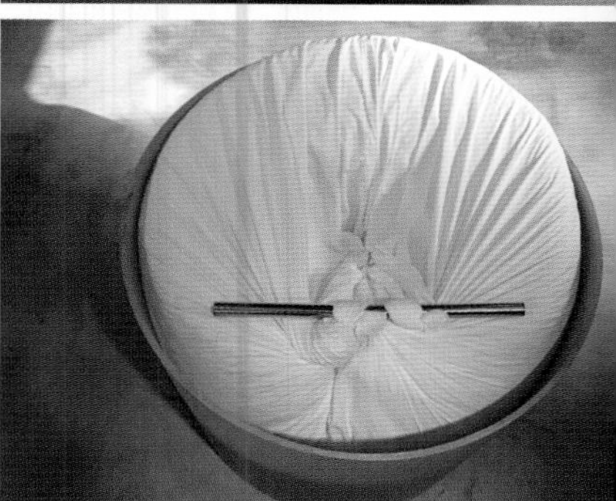

项目：变迁座椅

设计公司：变迁家具公司（Flux Furniture）
设计师：杜维·贾克布斯（Douwe Jacobs），汤姆·叔腾（Tom Schouten）
摄影师：埃尔克·德克（Eelke Dekker）

在变迁公司，他们喜欢设计家具。他们还喜欢简洁、可持续使用及灵活性强的事物。所以当他们开始设计变迁系列家具的时候，一直秉承这一理念。初始阶段重点是折叠。他们的获奖座椅是由熟练切割的可持续聚丙烯制成的作品，设计的理念是希望在安装的时候不需要使用任何工具。变迁认为这种折叠处理非常聪明：正确的处理方式给了座椅正确的外观。他们的目的是创造出整套简洁、具有可持续性的设计，很有可能还是与折叠相关。■

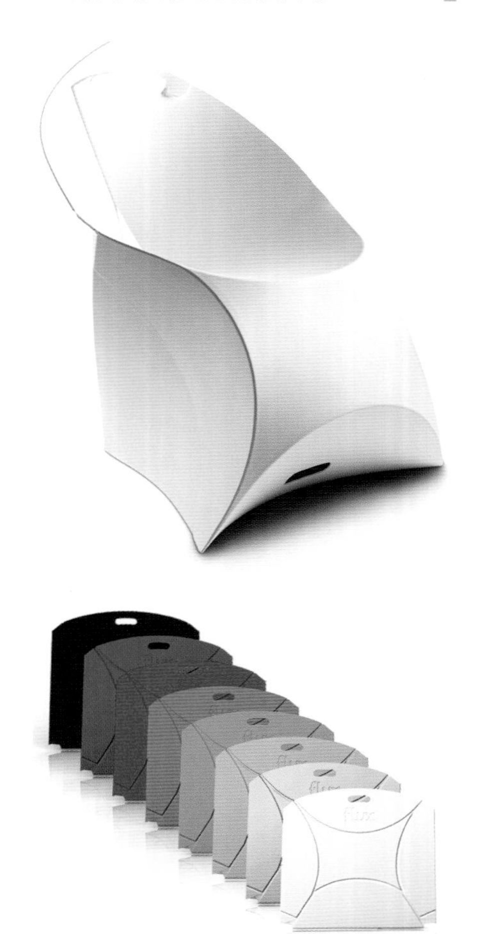

规格：座椅670（长）×660（宽）×840（高）；信封，850（长）×15（宽）×770（高）；
材料：聚丙烯。

项目：拼接混凝土

设计公司：弗洛里安·施密德（Florian Schmid）
设计师：弗洛里安·施密德（Florian Schmid）
摄影师：弗洛里安·施密德（Florian Schmid）

“拼接混凝土”的灵感来自材料混凝土帆布的对比。这些板凳的制作方法是，先将折叠纤维充满水泥，然后再用水浸透。它是由织物和聚氯乙烯背衬之间的水泥层组成的。湿透以后，在其冷却以前可以操作几个小时。使用木质模具盛放 24 小时内就会变干。干燥以前会使用亮色螺纹将边缘拼接在一起。这种材料将布料的温暖柔和与冰冷混凝土的坚固融合在了一起，但涂漆表面依然保持柔和的外观。这种设计会产生布料的强度不足以支撑使用的视觉错觉。在经过了一些材料掌控的测试以后，设计师尝试通过样式、拼接以及各种折纸手工等渠道进行处理。最终的仿真薄泡沫橡胶，需要尽可能模仿真实材料的性能。板凳在室内室外都可以使用，这一效果得益于材料在抗紫外线、抗化学、防火、防水及承重等方面的出色耐久度。

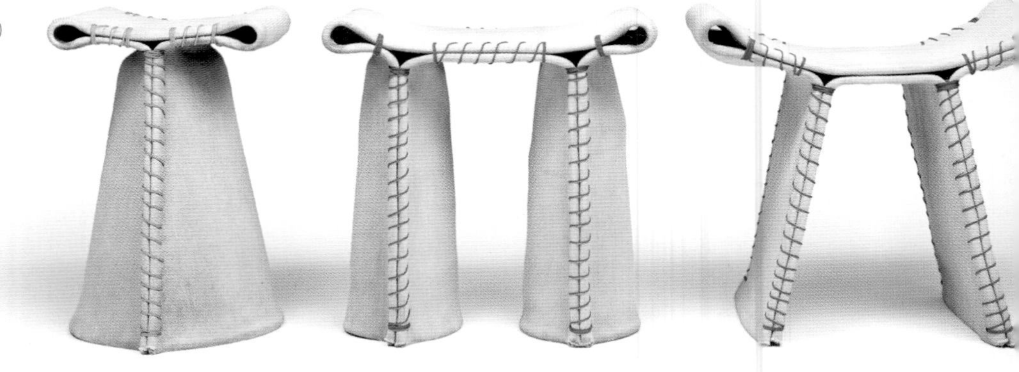

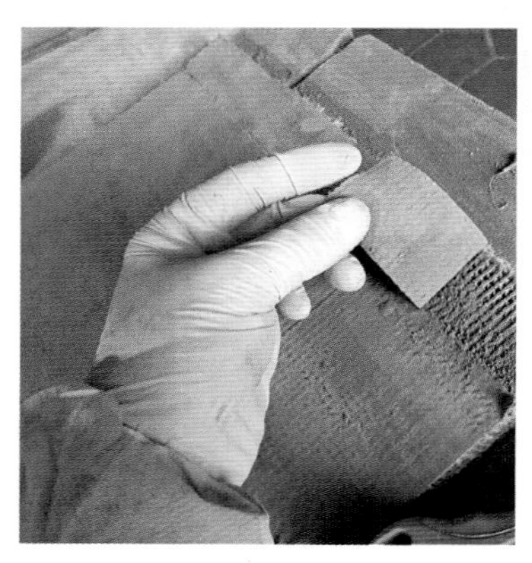

规格：600（直径）×290（宽）×440（高）×280（深）；
材料：8毫米混凝土帆布。

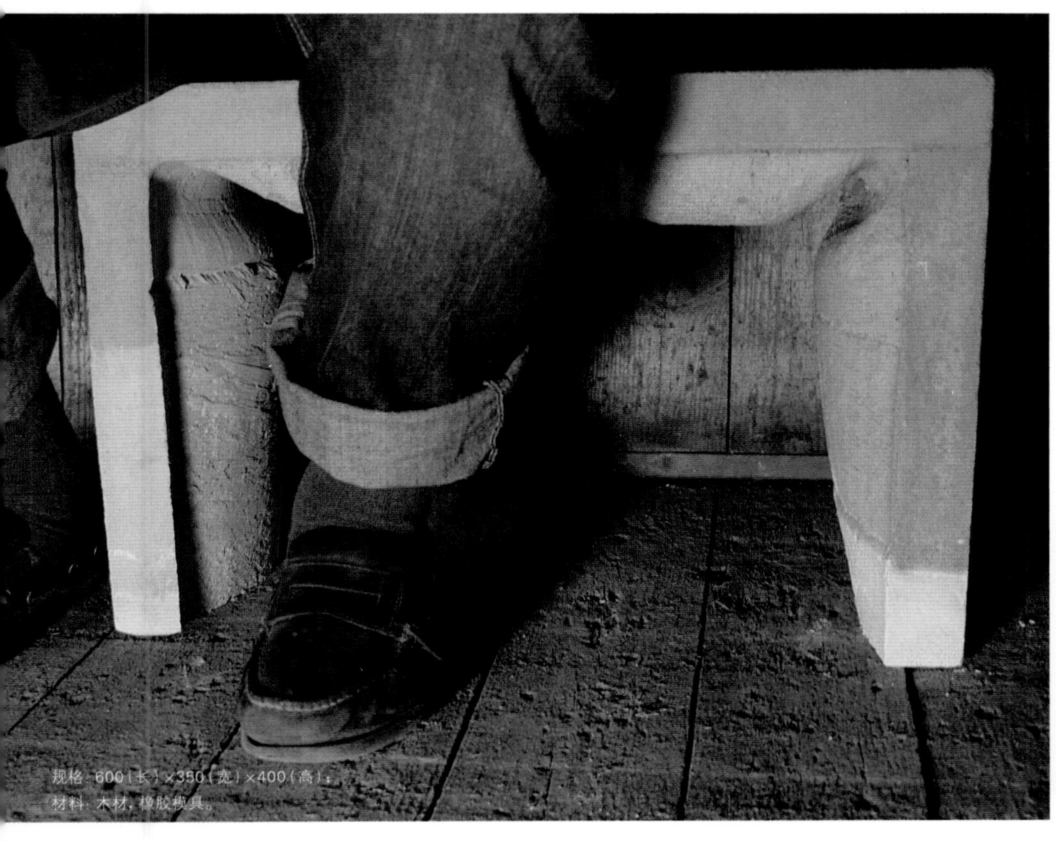

规格：600（长）×350（宽）×400（高）；
材料：木材，橡胶模具。

项目：灌注木材

设计公司：亨利·劳伦斯工作室（Henry Lawrence Studio）
设计师：亨利·劳伦斯工作室（Henry Lawrence Studio）
摄影：亨利·劳伦斯工作室（Henry Lawrence Studio）

这款板凳是由半木材半橡胶模具材料制成的。木质部分带来了直接的外部形态，橡胶薄板则使座椅更加舒适。混凝土的灌注只涉及板凳外观的变化，制作者可以灵活地加以改变。成品的规格取决于铸造橡胶薄板的规格。灌注材料允许在某些部分自主成型，模具的灵活性和工序还保证了后续结构及板凳外部处理的可能性。

项目：螺旋收藏品

设计公司：自然–边缘（Raw–Edges）
设计师：耶尔·莫尔（Yael Mer），肖伊·阿尔卡雷（Shay Alkalay）
摄影：肖伊·阿尔卡雷（Shay Alkalay）
客户：巴黎FAT画廊（FAT Galerie Paris）

“螺旋收藏品”是由100%羊毛毡和硅胶制成的室内设计作品。

长带状毛毡经过盘绕形成了三维主体。毛毡的一侧保持了自然的柔软，另一侧渗透着硅胶。随着硅胶慢慢渗入毛毡的纤维，它们共同形成了一种带有结构构建的混合材料。该设计理念的灵感来自混合材料，粘合剂与结构材料的混合，与加强混凝土或是古老的泥浆和麦秆混合物草泥相似。■

材料：毛毡和硅。

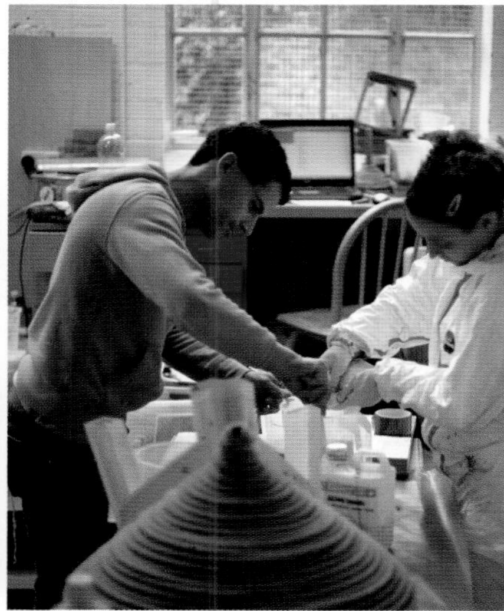

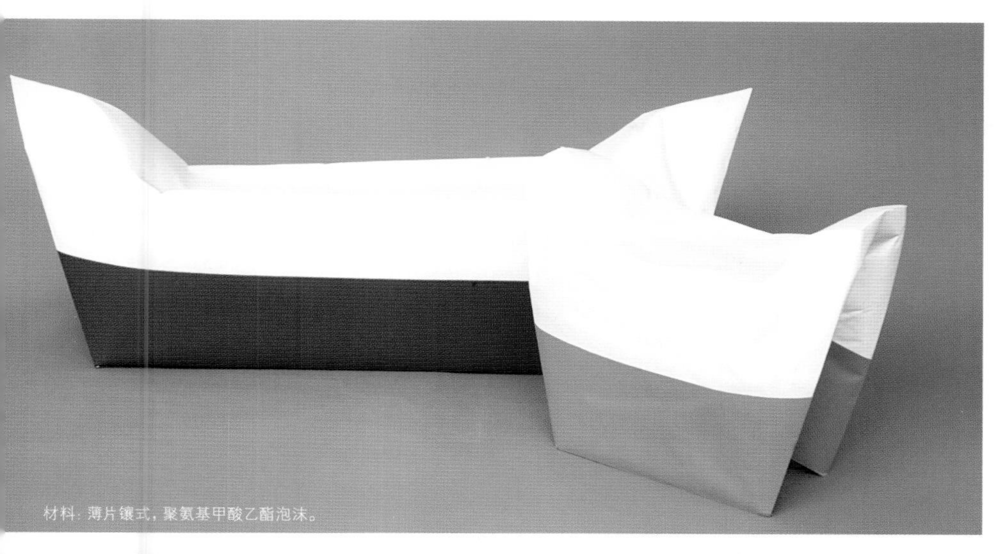
材料：薄片镶式，聚氨基甲酸乙酯泡沫。

项目：特制板凳

设计公司：自然–边缘（Raw–Edges）
设计师：耶尔·莫尔（Yael Mer），肖伊·阿尔卡雷（Shay Alkalay）
摄影：肖伊·阿尔卡雷（Shay Alkalay）
客户：卡佩利尼（Cappellini）

一项与制衣工厂中应用的相似技术被应用到了家具设计中。完成制版和拼接组装后，产品的中间部分由泡沫进行填充。就像西装要适应客户的身材做出修改一样，定制的家具也要量体裁衣，无论是高矮胖瘦。

按照工业化家具的标准来说，该设计的工序是非常规的，其中提出了一项不需要模具的构成技术。制版本身既是制作模具又是限定表面。通常，填充物表面都会使用装饰进行掩盖，而该设计则给人颠倒的感觉。

项目：高迪座椅

设计公司：格南工作室（Studio Geenen）
设计师：布拉姆·格南（Bram Geenen）
摄影：布拉姆·格南（Bram Geenen）

“高迪座椅”是创建于2009年的高迪板凳系列的延续。设计的方法与安东尼·高迪相同。他发明的吊链模型颠覆性地展现了教堂最强大的外形。在这把椅子的设计中，为了测定座椅靠背的结构，设计师还使用了软件脚本。

脚本基于三个步骤：第一，座椅表面的受力分布。第二，力的方向决定了肋部的方向。第三，力的大小精确规定了肋部的高度。质量和技术的选择是为了设计出质量轻便的座椅。椅子表面是由碳纤维构成的，肋部则经过精细的激光烧结处理，由尼龙玻璃填充物制成。

该项目对新技术是如何以简洁、富有逻辑性的概念为基础做了研究。在这种情况下，这一概念在超过一百年以前就证明了它的强度和美观性。

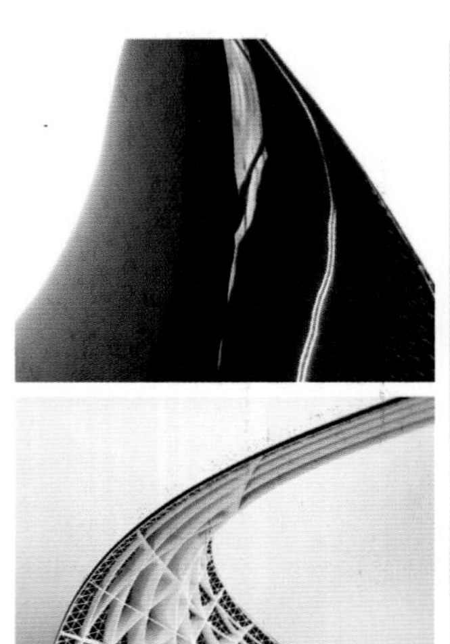

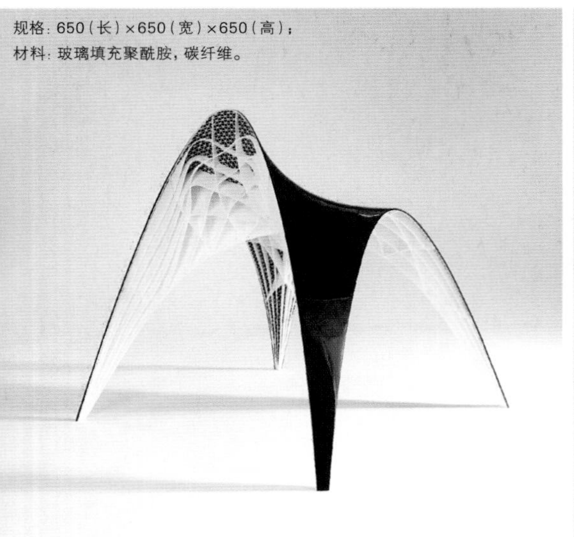

规格：650（长）×650（宽）×650（高）；
材料：玻璃填充聚酰胺，碳纤维。

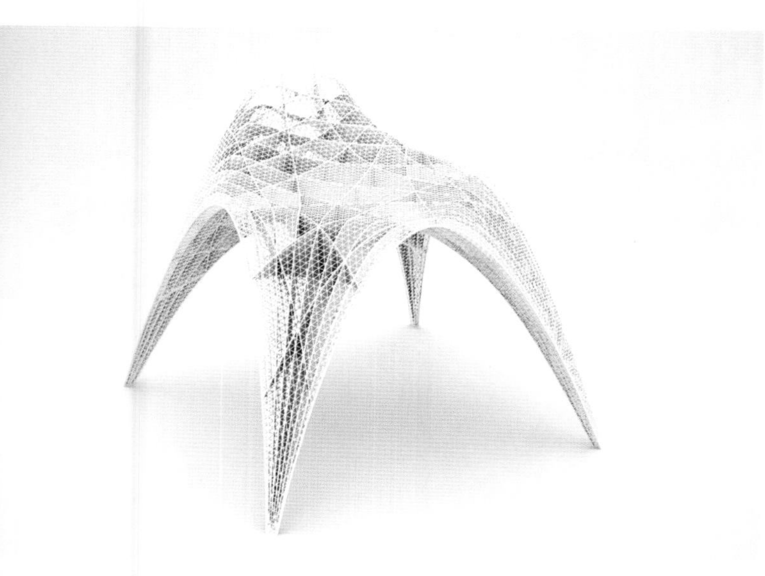

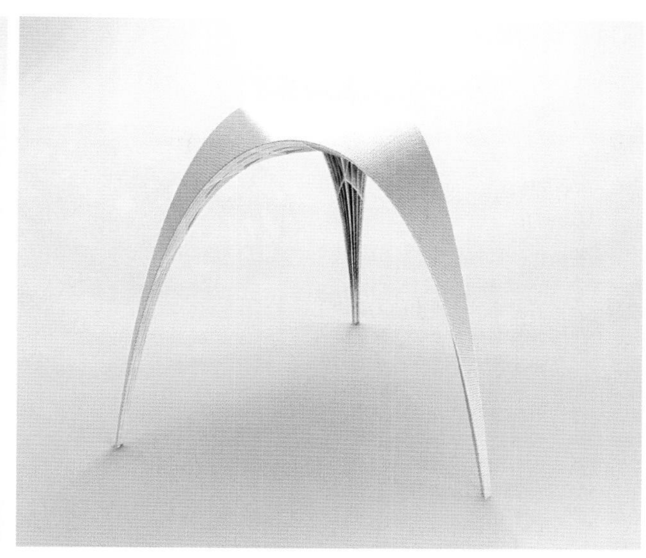

材料：迪尼玛混合物，迪尼玛纺织品，钛，玻璃填充聚酰胺，丝绸，芳纶迪尼玛。

项目：长椅C

设计公司：户外美术馆（Outdoorz Gallery）
设计师：皮特·东代尔（Peter Donders）
摄影：丽森工作室（Studio Leyssen）

这款现代的有机作品的制作方式是，先将单独的一束碳纤维进行旋转，成型后再进行移动。形成的结构通风，且出乎意料的强韧，被巧妙地描述为“立体书法”。作为现存质量强度比例最合理的材料，天然纤维被用于生产一级方程式赛车、最高质量的体育设备以及宇宙飞船的底盘。这款杰出的限定版本系列极限是10组作品，既适合公共空间又适合私人区域。

规格：3000（长）×600（宽）×450（高）；
材料：碳纤维。

项目：李木板凳

设计公司：阿尔瓦罗·乌里韦设计公司（Alvaro Uribe Design）
设计师：阿尔瓦罗·乌里韦（Alvaro Uribe）
摄影：阿尔瓦罗·乌里韦（Alvaro Uribe）

板凳是碳纤维研究的成果，很有可能应用到住宅用家具的生产中去。产品的目的是为了实现精巧和工作性能。在主要的压力点上对材料进行弯曲，增加结构肋，再使用最少量的材料，板凳就诞生了，质量大约 300 克。造型的灵感来自叶脉，叶脉能够优化主体，保持形状以抵御风浪和压力。同样，板凳的弯曲创造出了自然的结构，融合了所有的部件，不需要使用粘合剂或焊接。板凳充满活力的移动就像是一位芭蕾舞者，反映出材料、自然形态和工业的可能性。

规格：350（长）×300（宽）×430（高）；
材料：碳纤维。

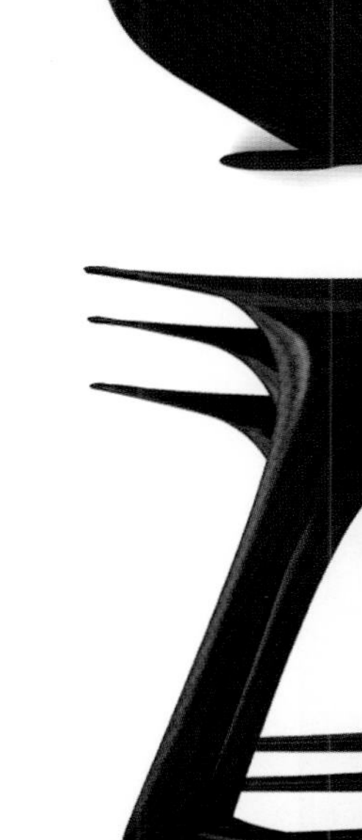

项目：客人

设计公司：拉·曼巴工作室（La Mamba Studio）
摄影：拉·曼巴工作室（La Mamba Studio）
客户：沙丘（Dune）

“客人”是由拉·曼巴工作室的设计师设计的。他们的目的是从覆盖材料中创造出一种家具。在这种情况下，设计最终变成了陶瓷网。从直线上移除后，一件纯粹的有机作品以这种形式诞生了。■

规格：“客人”620（长）×840（宽）×600（高）；大型“客人”，620（长）×1600（宽）×600（高）；材料：微晶石。

项目：“创”手扶椅

设计公司：德罗尔设计公司（DROR）
设计师：德罗尔·本施特里特（Dror Benshetrit）
摄影：德罗尔工作室（Studio Dror）
客户：卡帕里尼（Cappellini）

该家具的构想是从迪士尼的电影《创：战纪》中孕育出来的，“创”扶手椅的用料灵感深受《创：战纪》中电子世界的影响，使人不禁想起崎岖而又困难重重的景象。该设计最初是纽约设计师德罗尔·本施特里特个人手工完成的四款“绝无仅有”的纤维玻璃中的一个系列，准备参加迈阿密设计、巴塞尔艺术展览。现在，沃尔特·迪士尼（Walt Disney）署名和卡帕里尼（Cappellini）在2011年米兰设计周之后，已经将“创”扶手椅实现了量产。

扶手椅采用滚塑成型技术，原料是100%可再生材料，能同时满足室内、室外的使用，还可选择不同的色彩。朱里奥·卡帕里尼受电影启发采用了对比的手法——现实世界与《创：战纪》中世界的对比。自然元素使这种对照具体化，深灰色的“石头”和白色的“空气”代表着“创”世界的景色和安全的家。淡蓝色的“水”和绿色的“草”代表着现实世界。

规格：1275（长）×935（宽）×826（高）；
材料：滚塑成型塑料。

项目：轻型立方体

设计公司：朱诺设计公司（JUNO）
设计师：比约恩·力士（Björn Lux），沃夫刚·格勒泰（朱诺）（Wolfgang Greter (JUNO)），菲利普·迈因策尔（e15）（Philipp Mainzer/e15）
摄影：比约恩·力士（Björn Lux）
客户：北极纸业，e15（Arctic Paper / e15）

高级平面纸张生产商北极纸业，与家具品牌 e15 都希望获得更高的知名度。因此，朱诺发明了下面将要介绍的“轻型立方体”。在 6 厘米厚的坚固栎木底座上，e15 安装了 2200 张高质量的 120 克轻型纸，形成 43 厘米高的堆叠。纯净彻底的纸张和木质材质有很大不同，同时它还能提供多种不同的使用方式：可塑形雕塑、工作工具或者概念家具。

对于瑞典纸业制造商北极纸业来说，环境是意义非常重大的因素。以瑞典蒙克达尔镇的工厂为例，今天生产 1 千克纸张只需要 3~4 升水。蒙克达尔的环保水平领先世界。轻型立方体的纸张使用的是森林管理委员会认证的轻型纯净粗制纸，密度为 120 克每立方米，质量完全能够保证。

规格：330（长）×330（宽）×500（高）；
材料：轻型纯净粗制纸，欧洲栎木，涂漆。

项目：托波桌子

设计公司：零设计有限责任公司（NONdesigns，LLC）
设计师：斯科特·富兰克林（Scott Franklin），米奥·米奥（Miao Miao）
摄影：考伊·科利尔（Coy Koehler）
客户：零设计有限责任公司（NONdesigns，LLC）

“托波”是一套可丽耐材质的桌子，桌子上有可重构的风景。嵌入桌子的塑料纸片镶嵌件创造出功能性地形。“托波”使用快速原型技术使每张桌子都不雷同。设计本身非常简单，但定制的过程充满乐趣。客户首先用颜色标记出他们希望镶嵌件摆放的位置，接着计算机数控机就会切割出不同的洞。镶嵌件可以插入洞中，也可以取出，互相调整位置或重新安排。不使用的时候，这些功能性地貌可以倒转形成雕刻的山脉。“托波”共有三种规格：8 英尺，6 英尺和 4 英尺。

规格：2400（长）×740（宽）×740（高）；
材料：可丽耐，木材，钢，苯乙烯。

项目：软座扇形板凳

设计公司：莫洛设计公司（molo）
设计师：斯蒂芬妮·福赛斯（Stephanie Forsythe），托德·麦克艾伦（Todd MacAllen）
摄影：莫洛设计公司（molo）

这款软座板凳的设计灵感来自对灵活性和制作天然空间的需求。软座的充满魅力的收尾与顶端相连，形成圆柱形板凳或低矮的桌子。同规格的元素也可以彼此连接，形成延绵迂回的长椅，展开各种摆放形态。由于只使用一种材料，这些美丽的作品处于代表性和抽象性之间，彼此能够创造性地交换。该设计的目的是，在进行长期使用之后，软座纸质边缘的表面质地会随时间的推移，获得自然优美的光泽。

项目：洪水板凳

设计公司：阿苏阿·莫莱恩设计公司（Azúa Moline）
设计师：马丁·阿苏阿（Martín Azúa），G·莫莱恩（G. Moline）
摄影：马丁·阿苏阿（Martín Azúa）
客户：梅步思114（Mobles 114）

这款室内外都能使用的板凳使用 100% 可再生聚乙烯材料，利用旋转模制的方法制成。由于灵感来自大自然，所以雕刻般的外形能够在技术和材料之间达到平衡。设计所获得的美感自然简洁。■

规格：380（长）×415（宽）×770（高）；
材料：聚乙烯。

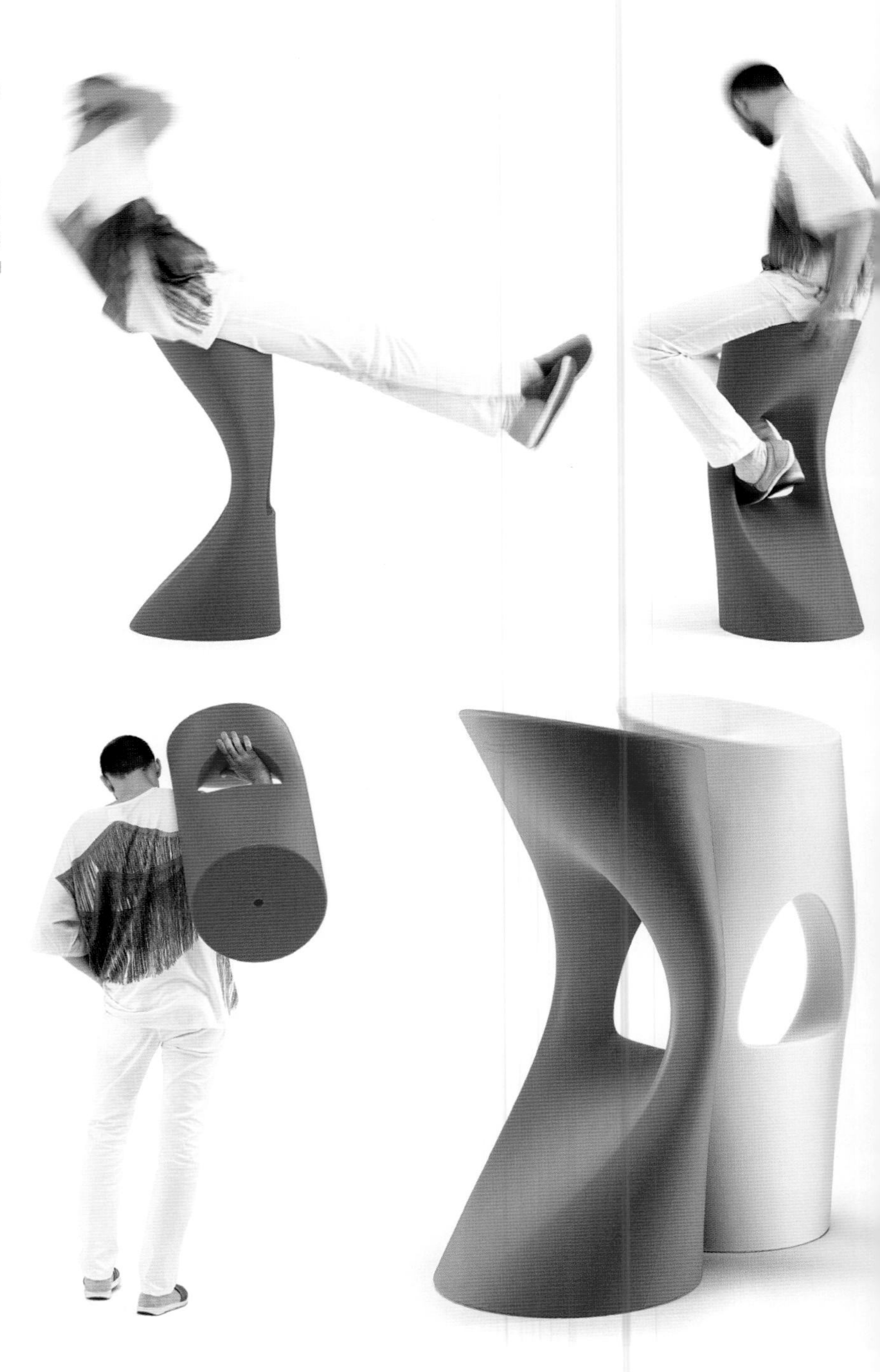

项目：内部生活

设计公司：马丁·阿苏阿·工作室（Martín Azúa Studio）
设计师：马丁·阿苏阿（Martín Azúa）
摄影：马丁·阿苏阿（Martín Azúa）

“内部生活”是一系列非常有用的作品，无论是植物还是动物，他们的生活都能够在这里得到庇护。马丁·阿苏阿继续他始于1999年的研究项目——自然喷漆，当他将多孔陶瓷制成的罐子放置在河床中的时候，获得了自然着色剂。这些作品收藏包含在荷兰干燥设计公司（Droog Design，the Netherlands）委托的开放边界展览中。“内部生活”是他对日常生活中自然进程的整合，是作品内部的生活。

规格：570（长）×540（宽）×750（高）；
材料：聚乙烯。

项目：孔雀座椅

设计公司：德罗尔（DROR）
设计师：德罗尔·本施特里特（Dror Benshetrit）
摄影：德罗尔工作室（Studio Dror）
客户：卡佩里尼（Cappellini）

“孔雀座椅”使用的材料是三张毛毡和一个极小的金属框架。毛毡的折叠被紧密地编织在一起，组成了难以置信的舒适躺椅结构，整把座椅中未使用任何缝纫或装饰品。

“孔雀座椅”最近成为了纽约大都会博物馆的永久收藏品，现在正在博物馆的设计展览中展出。

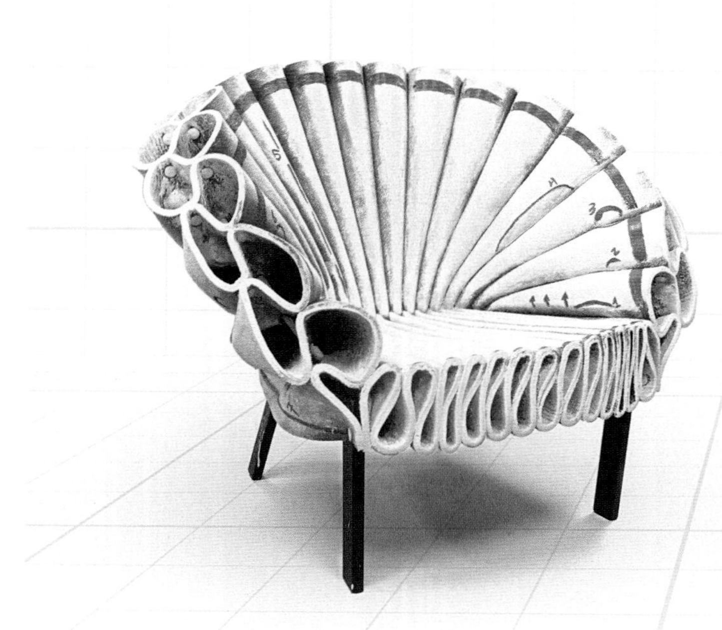

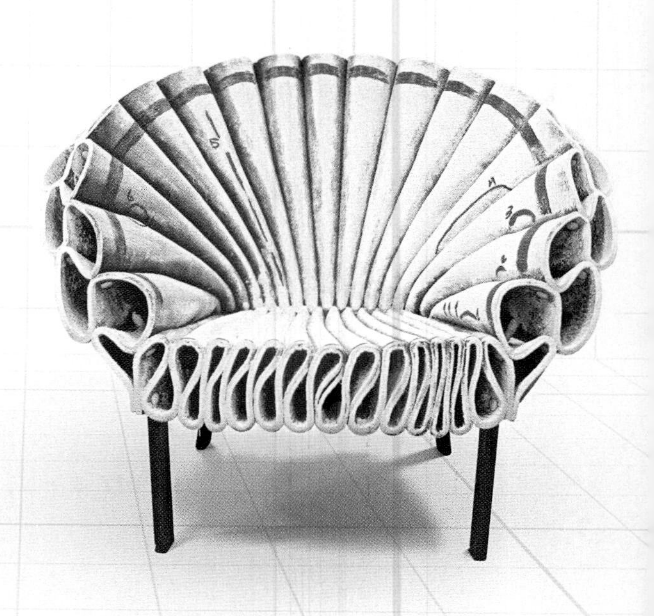

规格：1099（长）×902（宽）×432（高）；
材料：粉末涂层钢，毛毡。

项目：冲压座椅

设计师：哈利·泰勒（Harry Thaler）
摄影：加戈与加戈（Jäger & Jäger），哈利·泰勒工作室（Studio Harry Thaler）

“冲压座椅”是系统化、材料坚固性的探究和方法，以及缩减美学的逻辑性产物。外形的严谨分析，材料的选择，承重能力和作品执行及使用过程中的二维、三维考量，打造出这款极轻（2200 克）、简洁以及无限优美的设计。

100% 复用性概念是这件作品统一的材质特点。铝是从矿石中提取出来的、现存地表最常见的金属，以抗腐蚀性和极强的可再生能力而闻名。作品的减重、缩小是哈利一贯的追求，在设计中灌输最大化的触感、实用性的舒适和环保考量。此外，“冲压座椅”的制作几乎没有产生任何的浪费。剩下的铝用来制作一款简单的板凳，由三部分部件组成，用金属螺丝固定。

规格：770（长）×530（宽）×530（深）；
材料：铝。

项目：未抛光的作品

设计公司：迪克·舍佩斯工作室（Studio Dik Scheepers）
设计师：迪克·舍佩斯（Dik Scheepers）
摄影：克里斯托夫·弗兰肯（Kristof Vrancken），迪克·舍佩斯（Dik scheepers）
客户：应用16，Z33（Toegepast 16，Z33）

迪克·舍佩斯对纸混凝土产生了兴趣，主要是这种材料看起来使用简便。实际上你只需要纸和混凝土就行了，把它们混合在一起，你就拥有了自制材料。迪克想知道他能用这种材料做什么，所以他开始使用这种材料以便加深了解。

纸混凝土仍然是一种实验性材料，主要原料是废纸。低成本，多用途，质量轻，但是生产过程困难，需要很长时间才能烘干。这种材料触感极佳，不同的纸张拥有不同的特性。

为客户应用16在Z33的设计，迪克测试并寻找自己的方法，结合白色木材，制成了这些实验性的家具收藏品。

规格：座椅，600（长）×450（宽）×800（高）；桌子，1500（长）×450（宽）×400（高）；材料：纸混凝土，白色木材。

规格：800（长）×400（宽）×1400（高）。

规格：400（长）×400（宽）×420（高）。

项目：垃圾立方体

设计公司：尼古拉斯·勒·穆瓦涅设计公司（Nicolas Le Moigne）
设计师：尼古拉斯·勒·穆瓦涅（Nicolas Le Moigne）
摄影：托纳什乌·安布罗赛蒂（Tonatiuh Ambrosetti），丹妮拉·德罗兹（Daniela Droz）
客户：伊特尼特（瑞士）AG（Eternit (Schweiz) AG）

瑞士设计师尼古拉斯·勒·穆瓦涅与纤维水泥公司合作，共同创作出一款新的板凳，“垃圾立方体”，这款作品使用的是自然可再生材料。设计规格是31厘米×31厘米×36厘米，板凳使用生产石棉水泥时残留的水泥和纤维，设计采用最基础的外形是为了使用尽可能多的废弃物。

每件作品都要经历变质作用阶段，使天然材料压缩塑形，同时，整体造型没有相对变化。这些立方体都是独特的废弃材料，不同安装呈现不一样外观。

规格：800（长）×400（宽）×1400（高）。

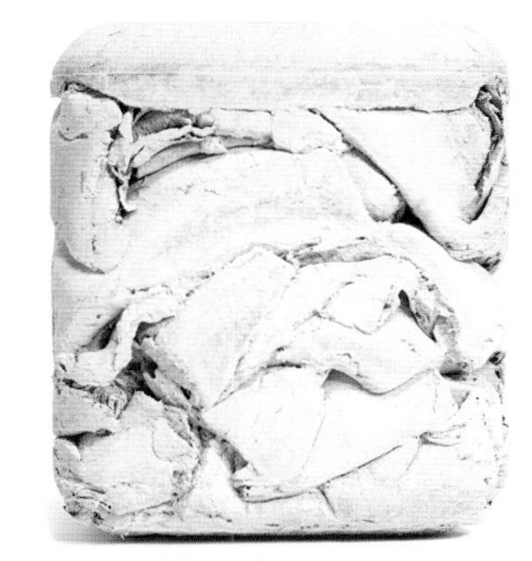

项目：沙丘

设计公司：雷纳•马特西工作室（Studio Rainer Mutsch）
设计师：雷纳•马特西（Rainer Mutsch）

生产石棉水泥中使用过的纤维水泥十分耐用，且为完全可再生、可持续性材料，由100%天然材料组成，包括纤维素纤维和水等。为了能够获得最大限度的坚固性的三维纤维水泥板，共花费了超过两年的研发时间。最终，座椅的几何形态能够通过可控延展和纤维素基底承压性支持所需的强度，座位表面的承压力可达1000千克。沙丘的造型允许使用者在上面自由移动，还能根据个人喜好调整位置。这种灵活一方面确保了个体最大程度的舒适，另一方面也保证了小组交流的顺畅。由于沙丘的设计具有高度模块化特点和延展系统，所以能够适用于绝大多数的空间。■

规格：960（长）×950（宽）×610（高）；
材料：石棉水泥（纤维素基底）纤维水泥。

项目：外星人

设计师：乔纳斯·朱佳蒂斯（Jonas Jurgaitis）
生产商：赛德斯·雷吉亚（Sedes Regia）
摄影：匍匐摄影工作室，库克罗普斯（T&V | Creep Photographers，Cyclopes）

“外星人”使用的材料是聚氨基甲酸乙酯模塑“束”制成的胶合板框架，配置了紧密材扶手椅，为实现高光泽效果还经过了喷漆和抛光处理。传统手工硬木与高科技无修饰织物之间产生了一定的张力。近距离观察就会发现手工艺精妙的细节和质地。在某些情况下，看起来不太友善的末端缠绕经过施华洛世奇珠宝或者 LED 照明的修饰后，会变得人性化。最初用作合同使用的时候，“外星人”并不是完全意义上的爱的巢穴，后来证明，对于家庭使用来说是非常舒适的。令人惊奇的是，这款设计适合任意姿势和结构，当然，你是坐在“束”上面，而不是木质隔板。

规格：2400（长）×1000（宽）×690（高）；
材料：聚氨基甲酸乙酯，胶合板框架，紧密材。

项目：簇

设计师：乔纳斯·朱佳蒂斯（Jonas Jurgaitis）
生产商：赛德斯·雷吉亚（Sedes Regia）
摄影：t&v |匍匐摄影工作室（t&v | Creep Photographers & cyclopes）

乔纳斯与外星人旅行带回的时空旅行纪念品之一是一些种子。播种在自己头上以后，他遗忘了很多年。某一天，一株植物的创意开始生长，变成了真实的事物。乔纳斯想知道，是应该浇水还是用来坐呢？无论是作为植物还是座椅，“簇”都不需要太多的照料，爱和关注就足够了。因为它仍然在伴随我们一同成长。

“簇”的外观是由坚固的镶面板外壳和硬质外观组成的，底部是软核长钉，折叠起来十分方便。钻进去享受拥抱吧。

规格：690（长）×690（宽）×1350（高）；
材料：聚氨基甲酸乙酯，胶合板框架，紧密材。

项目：魔力马格努斯山

设计公司：马格努斯·桑吉尔德工作室（Magnus Sangild Studio）
设计师：马格努斯·桑吉尔德（Magnus Sangild）
摄影：马格努斯·桑吉尔德（Magnus Sangild）

该作品是某种材料的生硬显现，加强并给予人们挑战日常可用性概念的印象。这在视觉层面上经常发生。材料中的某些元素通过印象和感性打动观赏者。一些材料甚至能在质地、耐久性和结构上引起共鸣。这种情况也经常在某些事物与观赏者的自然审美观点发生碰撞，或者丑陋的观感产生互动的时候发生。某些不舒服的印象会自动影响观赏者的反应和表现。因此，将材料消极的观感在形状上转变成积极反应是可能的。这样就能将第一印象的厌恶转化成满意。

这款家具的灵感来自自然岩石结构以及与人们相互影响的环境。它可以是自然提供的隐蔽处或者在艰苦自然环境下放松的机会。通常这种环境下，伴随的都是舒适感和沉思。在自然环境中享受和放松变得可能。岩石的生硬使你很难从所处的周围环境中将注意力转移出来，但是如果你将自然中的某个元素抽离出来，并将它放在一个新的环境中，设计中的功能性就被加强了。作品的形状清晰，虽然借鉴了激发设计灵感的自然元素，但家具的视觉特征仍然以非常有力的方式进行了自我呈现。■

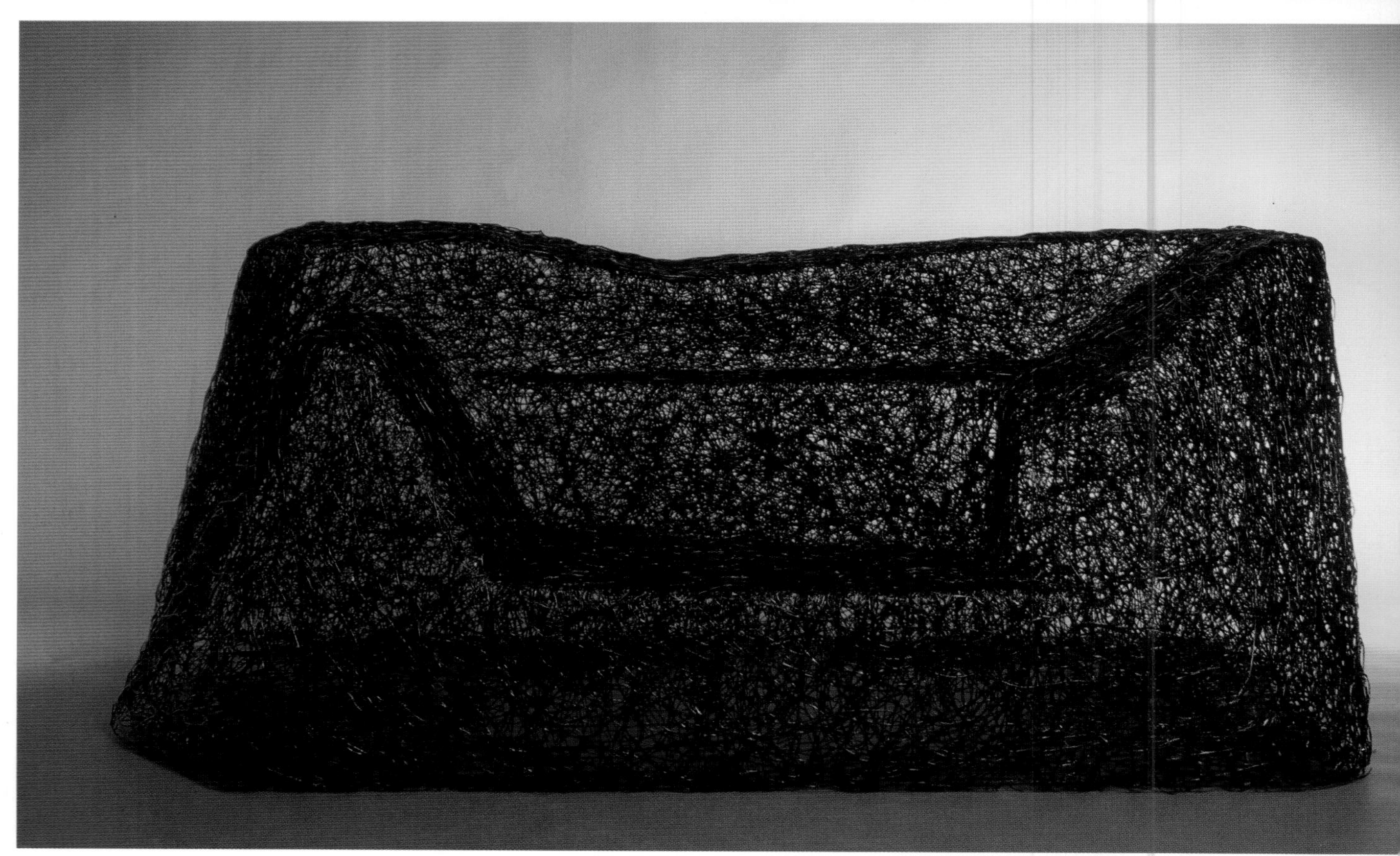

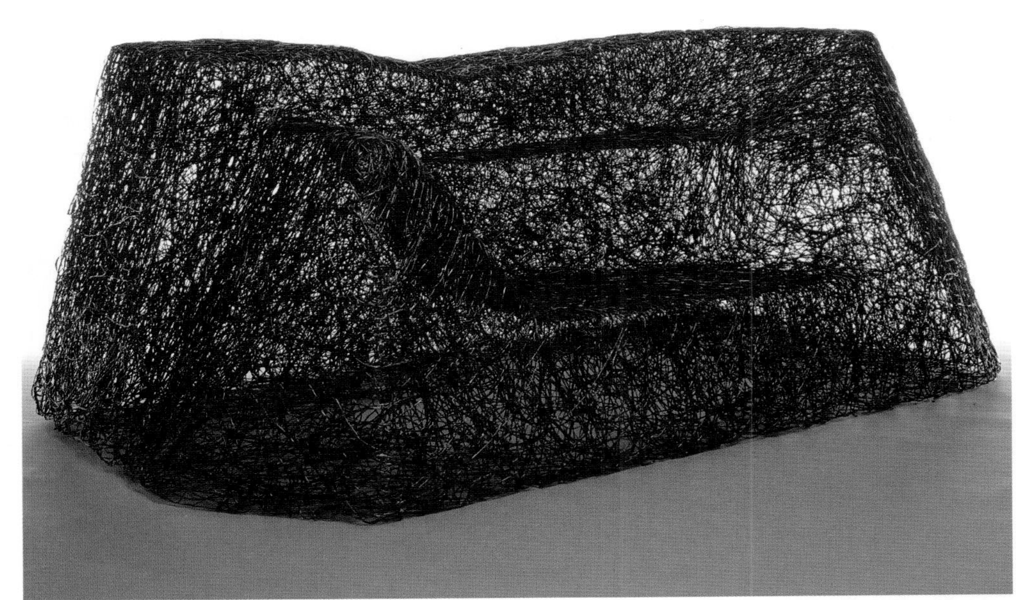

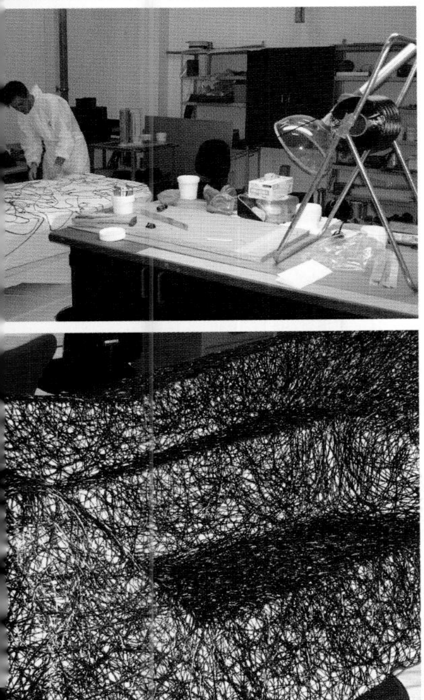

项目：连续

设计公司：弗雷德里克·法尔格工作室（Studio Fredrik Färg）
设计师：弗雷德里克·法尔格（Fredrik Färg）
摄影：弗雷德里克·法尔格工作室（Studio Fredrik Färg）

“连续”系列作品以皮革和纺织品作为修饰，其中板凳和食橱的创作经过了一系列制作工序。底座的材料装饰着皮革和纺织品，烘制前会用绳子捆绑好，这种材料的新颖结构构成了底座。烘制完成后剪断绳索，无接缝的、优美而高雅的形态就出现了。

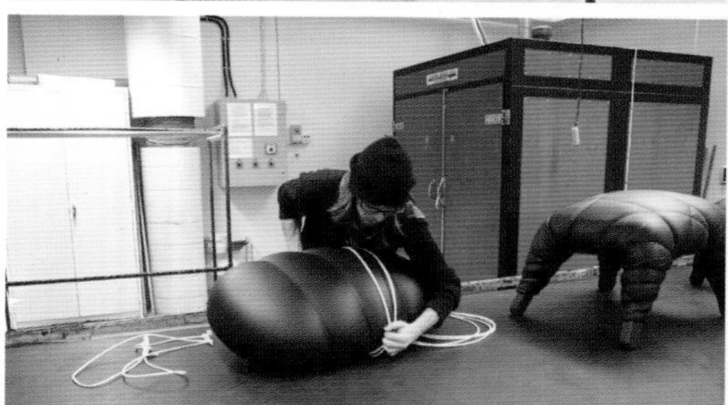

规格：食橱，1060（长）×530（宽）×390（高）；
1180（长）×490（宽）×390（高）；
1380（长）×490（宽）×390（高）；
900（长）×950（宽）×370（高）。

规格：300（长）×360（宽）×250（高）；610（长）×690（宽）×450（高）；480（长）×460（宽）×530（高）；480（长）×580（宽）×710（高）；370（长）×480（宽）×870（高）；
材料：皮革，木材，泡沫。

Eco. Style in Furniture Design

生态设计是一种设计产品或环境的方法，它要特别注意对环境的影响。除了前面介绍过的可再生材料、再利用，天然材料和一些新技术在家具设计中的应用，还有很多其他生态设计的创意。

例如，使用当地材料能够节约成本，降低运输环节产生的成本，同时减小运输过程中燃料消耗导致的碳排放量。当然也会反映设计师的环保意识和环保理念。

此外，诸如被动式节能减排技术，自我可持续性循环，低成本，避免浪费等理念也是实现生态设计的重要途径。

其他

Others

in Furniture Design

家具设计中的其他生态理念

4

项目：旋转座椅加速器

设计公司：北极设计公司（BOREALIS）
设计师：亚努斯·奥尔古萨尔（Jaanus Orgusaar）
摄影：北极设计公司（BOREALIS）

旋转座椅的设计灵感来自瑟恩加速器。旋转座椅是与摇滚座椅相对的。当摇滚座椅安静下来，你自在地坐在里面时，旋转座椅会鼓励你为你充电。内部金属球的旋转产生振动，唤醒你的精神，为细胞充能。旋转6周后结束。无论对大人还是儿童来说，这种骑乘都是愉悦的、非理性以及幽默的。座椅的弧形顶部是由一张4毫米胶合板弯曲而成的，精巧的结构使超薄表面变得非常的坚固。

规格：1400（长）×1400（宽）×400（高）；
材料：弯曲桦木胶合板，电缆管道，金属球，皮革，无光涂漆。

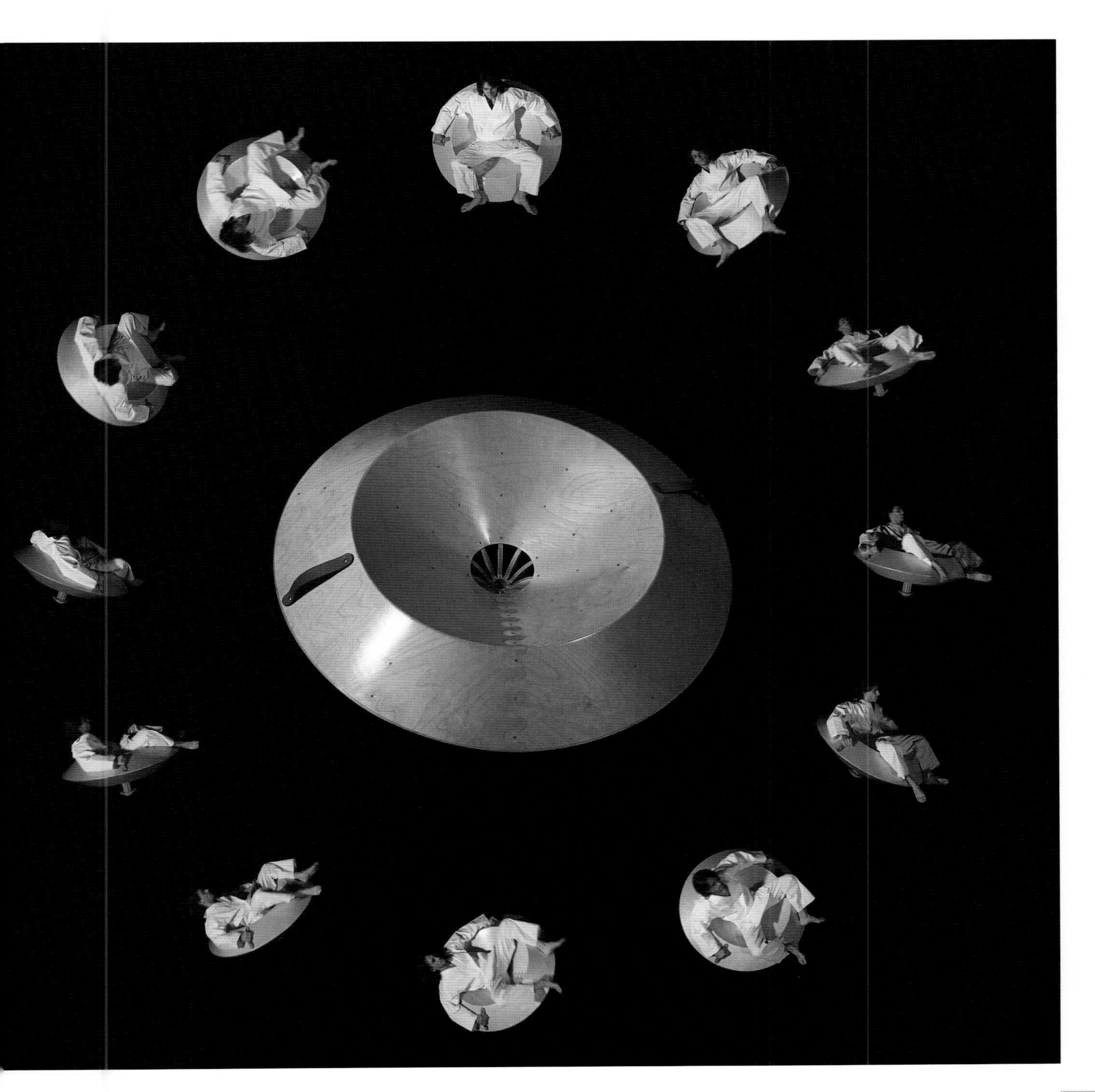

项目：达尔文座椅

设计公司：赛格梅斯特设计公司（Sagmeister Inc.）
设计师：斯特凡·赛格梅斯特（Stefan Sagmeister），约里斯·拉尔曼（Joris Laarman），保罗·冯（Paul Fung），马克·珀尼斯（Mark Pernice），乔·肖尔代斯（Joe Shouldice），本·布莱恩特（Ben Bryant）
摄影：约翰内斯·范姆·阿塞姆（Johannes vam Assem）

“达尔文座椅”利用了自由摆动的结构，其中包括约 200 片印花贴纸。如果上面的一层弄脏了的话，使用者只需要把它撕下来，座椅就会焕然一新，同时外观图案也改变了。

所有印花贴纸上都印制了复杂精细的图案，抽象出宇宙的创造。展示着创世纪之初植物的开始、及动物和人类的生活，直至电子革命。随着越来越多的印花贴纸被掀掉，转角处会形成供头部休息的舒适头枕形态。

规格：600（长）×850（宽）×945（高）；
材料：不锈钢，蒂维克纺粘型聚丙烯纤维。

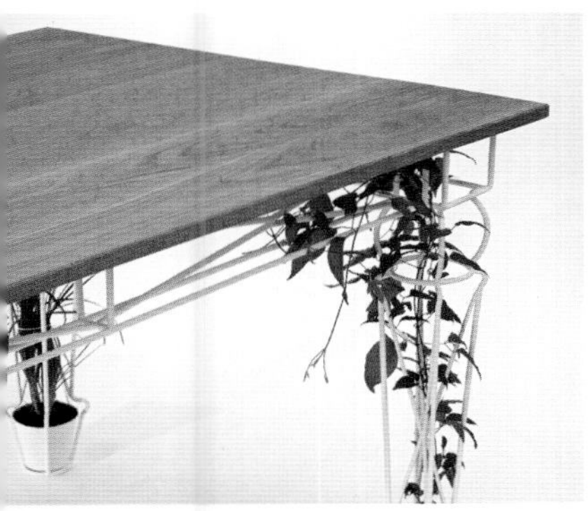

项目：绿植餐桌

设计公司：监狱制造（JAILmake）
设计师：利亚姆·希利（Liam Healy），杰米·埃利奥特（Jamie Elliott）
摄影师：扎赫拉·沙哈比（Zahra Shahabi）

“绿植餐桌”重新将自然的回归引入聚会、烹饪和就餐的过程中。通过普遍种植的植物宣告自然的回归。

为植物生长提供的空间位于四条桌腿儿上，反映了人们希望的自己与烹饪过程的距离。

“绿植餐桌”是由位于伦敦东南部的监狱制造设计团队手工制作的，在那里每条桌腿都是手工弯曲并运用圆角钎焊技术组装到框架上的。接着将手工制成的英国橡木桌面安装上，可以提供多人就座及在此感受欢乐。此外，这款餐桌可以定制任意颜色、规格或者木材种类。

规格：2000（长）×800（宽）×750（高）；
材料：英国栎木，粉末涂层金属框架。

项目：霍克斯–软折叠家具

设计公司：阿萨夫·约格夫工作室（Asaf Yogev Design）
设计师：阿萨夫·约格夫（Asaf Yogev）
摄影：奥代德·安特曼（Oded Antman），利隆·阿奇杜特（Liron Achdut）

霍克斯设计最初源于海绵形态改变时的魔幻方式，以及当我们坐在上面时的轻微改变。设计师抓住了海绵变化到极端时的状态，以致我们的身体坐在海绵上创造出的副产品（同样的改变，当时产生的凹痕）在坐上去的时候会产生不同种令人惊奇的设计作品。在设计过程中引导阿萨夫的另一个因素是他看到房间内空置的座椅时产生的无力感——由于没有人坐在上面，所以座椅看起来略显不足，而且不完整。这种情况促使他设计出了即使没有人坐在上面，空间依然能给人完整感觉的作品。

规格：300（长）×600（宽）×600（高）。

规格：700（长）×700（宽）×850（高）。

规格：300（长）×450（宽）×700（高）。

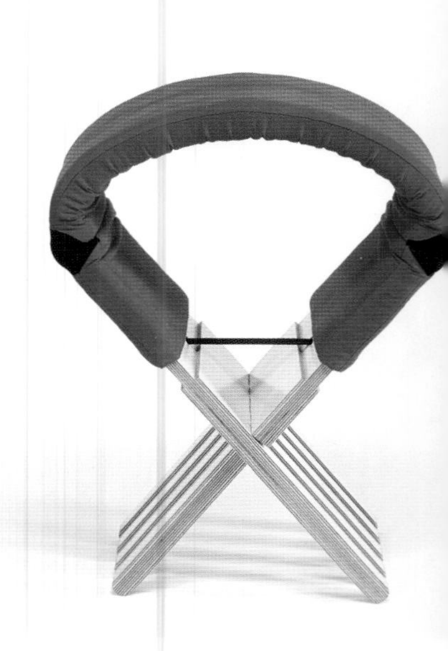

材料：胶合板，弹性厚木板，海绵，伸缩振动谱带，不锈钢。

项目：蒙塔纳拉

设计公司：梅里塔利亚设计公司（Meritalia）
设计师：加埃塔诺·佩谢（Gaetano Pesce）
摄影：梅里塔利亚·斯帕（Meritalia Spa）

“蒙塔纳拉”的填充物是聚氨基甲酸乙酯睡莲，所有的装饰品都是100%数字印刷的棉花织物。整体结构由钢和木材组成。

设计师将作品命名为“蒙塔纳拉”的原因是他坚持的理念。他认为自然是极佳的亲密伴侣，人类应该充满爱意地对待她。■

规格：扶手椅，1640（长）×940（宽）×1100（高）；沙发，2820（长）×940（宽）×1100（高）；
材料：100%棉花织物，聚氨基甲酸乙酯，钢，木材。

项目：小银河

设计公司：梅里塔利亚设计公司（Meritalia）
设计师：马里奥·贝里尼（Mario Bellini）
摄影：梅里塔利亚·斯帕（Meritalia Spa）

很少人认为儿童有权拥有专门为他们设计的扶手椅，沙发和躺椅。单纯缩小规格总是不能获得令人满意的效果。由简洁轻质材料（由可再生塑料和泡泡包装纸制成的半透明织物）设计而成的这套家具证明了缩减规格也能获得成功。事实上，这款看起来就像是小银河的作品本意是想创作成一个小女孩的样子的。可能吗？是的。看看奥利维罗·托斯卡尼那些让人不可思议的照片吧。你会发现现在也有专为儿童所做的设计了。内部的填充物由聚乙烯制成，装饰物由聚丙烯制成。（上述两种都是可再生材料）

材料：聚丙烯，聚乙烯。

项目：树的创意

设计公司：米舍·特拉克斯勒设计公司（mischer'traxler）
设计师：凯瑟琳娜·米舍（Katharina Mischer），托马斯·特拉克斯勒（Thomas Traxler）
摄影：米舍·特拉克斯勒设计公司（mischer'traxler）

该设计的灵感来自机械和自然的特定魅力。树是特定时间和地点的产物，根据周围环境作出反应并生长着。在生长过程中不断记录各种环境影响。“树的创意”设计目的是将树的记录特质和对周围生态圈的依赖引入作品设计中。“树的创意”是自然信息和机械工艺结合的自主生产过程。产品使用太阳能驱动，将太阳的强光通过机械电热蒸馏水器直接注入产品中，每天一次。结果能够反映出一天当中日照的各种情况。就像一棵真正的树一样，作品成为了记录生长过程和创作时间的立体结构。

基础机械功能和作品特质：
“记录者一号”机器在太阳升起的时候开始生产，太阳落山的时候停止。太阳落山后，完成的作品就能够“收获”了。机器通过着色设备和胶盆添加螺纹在作品上，最终围绕着模子蜿蜒缠绕。最终作品的长度、高度取决于白天的日照时间。每层的厚度和色彩由太阳能的数量决定。更多的阳光意味着更厚的分层和更明亮的色彩，更少的阳光意味着更薄的分层和更暗的颜色。

这种输入和输出的直接关联使作品的视觉观感和“可读性”发生了改变。制作出来的产品变成了制作的所在空间和传播地域性特征的立体描述。这是一种新的观察地区的方式。这种“工业化地区”与当地文化、技术或资源并无太大关联。相对地，周围生产过程中的气候和环境因素与其息息相关。■

规格：由生产时长决定。450~1000（长）×420（宽）×420（高）；
材料：棉花，着色装置，胶水，树脂，栎木，玻璃纤维。

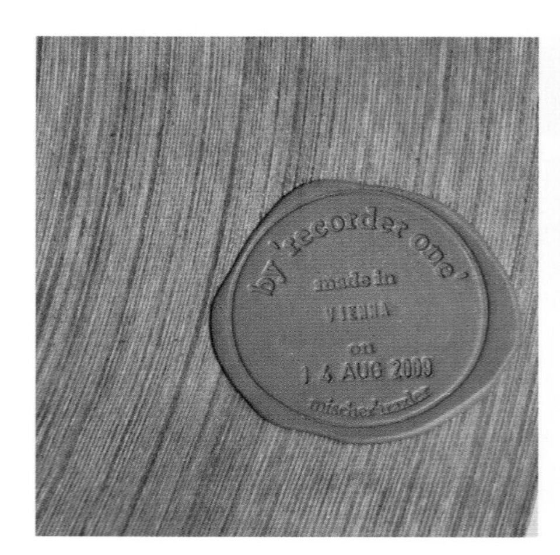

项目：寄生农场

设计师：夏洛特·迪克曼（Charlotte Dieckmann），
奈尔斯·费伯（Nils Ferber）
摄影：亚历山大·吉泽曼（Alexander Giesemann）

人口增长，城市化进程加速和全球腐殖质土地衰退都会对现代食品工业造成巨大挑战。我们如何面对这些新情况？对于传统农业我们能够想象出怎样的取舍？问题的答案可能就是“寄生农场”：由配备了嵌入式切割板的肥料系统组成，可以悬挂在厨房的桌子上，照明由完美安置在书架上的植物箱解决。通过这种方式，剩余食物能够回到小型生物圈，供应使用者新鲜收获的蔬菜。所有相关设备甚至可以安装在最小的公寓里。

昂贵而又高度密集化的城市没有留下太多空间去进行农业实践，不是每个人都能轻易享受到阳台或者花园。农业远离我们的日常生活。城市人如何才能回归到自然基础生活中呢？最理想化的答案还是：“寄生农场”。这套系统能够将你的生物垃圾转换成肥料，产生腐殖质泥土种植你自己的蔬菜和植物——这些都是在你的公寓中完成的！

循环是从食物变成废物的地方开始的：就在切割板上，同时也是蚯蚓粪容器的盖子。切割板可以滑到侧面以便更容易地将废弃食物推入容器中。容器内有很多微生物，比如老虎虫和土壤生物，这些生物能够使废弃生物腐烂，并转化为利于植物生长的营养物质。这就是垃圾再次变成有价值的有机物的过程。使用者还可以得到自制蚯蚓粪。镶嵌式捕蝇器可以防止那些可能的果蔬苍蝇逃进厨房中。

富含营养的腐殖质土提供了在你的书架上种植蔬菜和草本植物的基础。使用者可以收获、品尝自己的新鲜营养品，并让剩下的植物在蚯蚓粪容器中回收，最终使生物循环圈闭合。■

植物箱
规格：780（长）×320（宽）×250（高）；
材料：粉末涂层铝。

混合废料容器
规格：300（长）×500（宽）×630（高）；
材料：粉末涂层铝，木材，透明的彩色塑料，不锈钢。

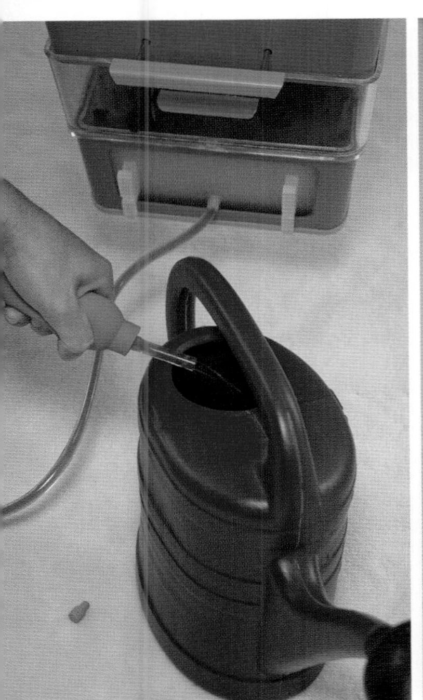

设计师名录

3 帕塔斯（3PATAS）

居住地：西班牙巴塞罗那
网址：www.3patas.com
电话：+93 304 00 84

3 帕塔斯是一间创意产品设计工作室，成员有卡拉·内拉（Carla Neila），伊莎贝尔·冈萨雷斯（Isabel González）和圣地亚哥·埃尔莫辛（Santiago Hermosín）。工作室位于西班牙巴萨罗那，创立于 2010 年，同年推出 3 款重量级设计，分别在 2010 年米兰的设计周 超级工作室标（Super Studio Piu）和马德里的卡萨·帕萨雷拉博览会（Casa Pasarela Fair）展出。

自那时起，3 帕塔斯一直致力于产品、家具、照明和室内设计的革新，研发展台并参与团体性项目。他们还与大型照明公司合作，为其供应工程和技术辅助设备。去年他们被选为人体时代展览的参展公司。其中，展柜和设计师也是 2011 年瓦伦西亚设计周的一部分。他们在展览中受到了高度评价，西班牙杂志《戴思诺室内设计》(Diseño Interior) 称他们是“新兴的天才”，西班牙最大的报纸之一“国家报”（El País）则认为他们的 3×3 桌子是瓦伦西亚设计周的亮点之一。3 帕塔斯近期在斯德哥尔摩家具及灯具展览会上展出了轧制钢球，将来还要在 2012 法兰克福设计展中推出新的作品。一家位于巴塞罗那的精巧新式餐厅不久也将亮相，同时还会有更多令人兴奋的设计。将目光集中在这些迅速崛起的天才身上吧。

13 重建（13 ricrea）

居住地：意大利
网址：www.crearicrea.com
电话：+39 0142 940471

13 重建是在 2007 年的 13 次会议以后，由三位颇具才华的女设计师创立的，她们分别是安吉拉·门西（Angela Mensi），英格丽·塔罗（Ingrid Taro）和克里斯蒂娜·莫洛（Cristina Merlo）。她们决定使用工业废弃物来革新性地诠释家具和室内陈设品。13 重建一直在研究创新性的解决方法，以求能对环保做出贡献，兼顾产品的“可持续性”和造型的美观，并希望能够在未来得到发扬光大。这个著名设计团队秉承这一理念，使她们所有的产品和室内陈设作品都反映出她们“狂热的可再生信念”。

亚当·柯尼什（Adam Cornish）

居住地：澳大利亚墨尔本
网址：www.adamcornish.com
电话：+614 15 070 712
邮箱：info@adamcornish.com

墨尔本本土设计师亚当·柯尼什的作品来自以直接观察为基础的设计理念。他曾经在悉尼科技大学学习工业设计，最近又完成了墨尔本皇家管理学会的家具设计学位。亚当·柯尼什与皇家管理学会保持着密切的联系，经常在那里举办讲座，分享他对于设计经验的深刻见解。

亚当曾获得 2011 赫尔曼·米勒亚太——依福斯·比哈尔设计奖，2010 工作室大众选择奖，同时连续两年进入孟买蓝宝石设计发现奖的决赛。亚当的工作跨越多个领域，从设计家具和家居装饰品到安装商用和住宅设备，都有所涵盖。

阿尔瓦罗·乌里韦（Alvaro Uribe）

居住地：美国纽约
网址：www.alvarouribedesign.com
邮箱：mail@alvarouribedesign.com

阿尔瓦罗·乌里韦出生在佛罗里达的迈阿密，在哥伦比亚首都波哥大长大。后来移居到了纽约，获得了普拉特学院工业设计专业的学士学位。乌里韦还在丹麦和德国的包豪斯学习过。过去几年中，他曾经在研发中的项目中做辅助工作，服务过的著名公司和设计师包括时尚设计爱步（Smart Design Ecco ID）、曲线室内设计（Curve ID）、德罗尔工作室（Studio Dror）和琳达·塞伦塔诺（Linda Celentano）。现在他正在与著名的设计团队纳赫特曼（Nachtmann），比尔斯制品（Billes Products）以及尼克尔（Nicol）合作。他的作品已经在圣弗朗西斯科的现代艺术博物馆（Museum of Modern Art）和德国多样性博物馆（Phyletische Museum）展出。乌里韦还是普拉特学院罗威那·里德·考斯特罗荣誉奖（Rowena Reed Kostello Award）的获得者，同时也在许多其他比赛中获奖。

阿尔维设计（alvidesign）

居住地：瑞典斯德哥尔摩
网址：www.alvidesign.se
电话：+46（0）707 266458
邮箱：alvi@alvidesign.se

阿尔维设计是由阿萨·卡尔纳（Åsa Kärner）于 2007 年创立的，她的目标是使用耐久性强的环保材料设计家具和产品，重点集中在可持续性保护方法和工作环境上。这些是她使用在设计和作品平台中的准则。在她的设计中，她的主要目的是以诙谐的方式，缩小现代、功能性设计、艺术和不同文化背景下手工业之间的界限，并使之结合在一起。

艾米·哈廷（Amy Hunting）

居住地：英国伦敦
网址：www.amyhunting.com
电话：+44 7501 82 1218

艾米·哈廷 1984 年出生在挪威的德拉门。她以东伦敦的一家工作室为基础，致力于研发和制造家具及相关产品。其作品经常在国际性展览中展出，也在一些出版物上重点介绍过。她将自己对绘画和插图的热情倾注到家具设计中，并且还不断探索手工艺和设计工序的新领域。除了家具和产品设计外，她还是一位展览设计师，曾经为英国文化委员会和挪威大使馆这样的客户工作过。此外，她还是新挪威家具设计年度展览的创立者和管理者。

安德里亚·克内克特（Andrea Knecht）

居住地：瑞士洛桑
网址：www.teteknecht.com
邮箱：ttknecht@bluewin.ch

安德里亚·克内克特（别名泰特·克内克特 Tété Knecht）于 1971 年出生在瑞士圣保罗，生活居住在洛桑。1998 年毕业于圣保罗艺术学院，获得了工业设计学士学位。毕业后安德里亚开始从生产到销售全方面研究产品设计的不同环节。

为了能够使自己的知识更完善，并进一步发展她已经开始建立的领域，安德里亚进入了瑞士洛桑艺术与设计大学学习，在那里她显露出更为欧洲化的工业设计风格，并于 2005 年获得了产品设计硕士学位。同年，推出了干草和乳胶木屐的设计，受到了坎帕纳兄弟（Fernando & Humberto Campana）的高度赞扬。他们认为这名从前的学生终于形成了自己的风格，成为了一名真正的设计师，并称赞安德里亚是圣保罗最有创造力的年轻天才之一。

安德烈亚斯·科瓦莱夫斯基（Andreas Kowalewski）

居住地：荷兰阿姆斯特丹
网址：www.andreaskowalewski.com
电话：+31（0）20 7726889
邮箱：mail@andreaskowalewski.com

安德烈亚斯于 1976 年生于柏林。在完成了细工木匠学徒工作和卡尔·赛弗灵学院的学习之后，他前往埃森的富尔克旺大学学习工业设计并获得了硕士学位。从学习期间开始，他就为埃森，柏林和慕尼黑的多家工作室和公司工作，还有瓦雷泽的旋涡设计中心（WHIRLPOOL Design Center），因戈尔施塔特的奥迪设计中心（AUDI Design Center），以及阿姆斯特丹，埃因霍温和新加坡的菲利普设计中心。他曾在各种设计领域工作过，包括家用电器、消费电子产品、家具自动化设计以及室内建筑等。现在他在阿姆斯特丹工作、生活。

阿萨夫·约格夫（Asaf Yogev）

居住地：以色列耶路撒冷
网址：www.asaf-yogev.yolasite.com
电话：+972-52-3862032

阿萨夫·约格夫毕业于比撒列艺术设计学院工业设计专业。现在在 R&D 工作，同时他也是一名独立设计师，他的设计作品“霍克斯（HOX）”赢得了极高的评价，曾在 2010 年 10 月首尔举行的“设计一切”展览中展出。

夏洛特·迪克曼（Charlotte Dieckmann）

居住地：德国汉堡
网址：www.charlottedieckmann.de
邮箱：mail@charlottedieckmann.de

夏洛特·迪克曼于 1987 年出生在德国的龙尼堡，目前在德国的汉堡艺术大学学习设计专业。她喜欢去思考设计是如何在不知不觉中影响使用者的习惯的。设计师如何通过某种设计方式影响使用者的行为，同时这种行为的改变会对环境造成怎样不同程度的影响。

考达设计公司（Cohda Design）

居住地：英国泰恩-威尔（郡）
网址：www.cohda.com
电话：+44（0）191 423 6247

考达设计公司由理查德·利德尔（Richard Liddle）创立。考达的理念很直接，“设计造成的混乱”通过混乱不安的普通设计将观赏者的目光吸引到独特的设计上。为了实现这一目标，考达使用一系列相似的作品冲击市场，并发展出自己独一无二的设计方式。考达通过国际设计展和重大比赛发布自己作品的饰品实现这一战略，同时还为众多精选出的客户提供项目咨询。最近，考达在与东南亚的梅里特合资公司（Joint Merit）合作。如今考达已掌握了大量世界各地的先进技术与制造资源。媒体对考达最为准确地描述可以概括为“朋克摇滚设计公司”。

丹尼·郭（Danny Kuo）

居住地：荷兰埃因霍温
网址：www.dannykuo.com
电话：+31 611 308 506

作为一名设计师，丹尼·郭的设计理念是灵活性和适应性。科技的进步缩短了人与人之间的距离。即使是不同国度，有着不同肤色、环境、建筑、习俗、思想和产品的地方，人们也可以在 24 小时之内就实现碰面。人们的流动性变得越来越强，但这已经影响到了人们的生活方式。灵活性和适应性变得十分必要。这就是为什么上述理念成为丹尼·郭工作和生活的关键词。他希望通过创作更加舒适、高效的作品，来进一步改善人们的生活。

黛比·维斯坎普（Debbie Wijskamp）

居住地：荷兰阿纳姆
网址：www.debbiewijskamp.com
电话：+31（0）613630662
邮箱：info@debbiewijskamp.com

荷兰设计师黛比·维斯坎普 2009 年毕业于阿纳姆的艺术设计学院。从那时开始，她就决定在阿纳姆成立自己的工作室。维斯坎普的灵感来自日常生活中的食物和材料。她喜欢研究新旧材料之间的界线，以便寻找出使用这些材料创造出新家具和室内设计产品的可能性。

迪克·舍佩斯（Dik Scheepers）

居住地：荷兰海尔伦
网址：www.dikscheepers.nl
电话：+31（0）611396977
邮箱：info@dikscheepers.nl

迪克·舍佩斯曾在马斯特里赫特艺术学院学习产品设计。学习并使用材料和技术对于迪克·舍佩斯来说非常重要。学习不只是从书本上学习不同种类的知识，也让不同材料和技术的跨界使用变得更加简单。实验在生产之前扮演着重要角色。这样材料能够经历最多的测试，迅速纠正错误和偏差后就可以进行扩展和使用了。他曾经在 2011 年慕尼黑 HWK 伊姆·泰伦特国际设计竞赛（IHM TALENTE 2011, International Design Competition, HWKMünchen）中获胜。

德克·范德·库伊（Dirk Vander Kooij）

居住地：荷兰埃因霍温
网址：www.dirkvanderkooij.nl
邮箱：info@dirkvanderkooij.nl
电话：+31 40 4009008

曾在木工技术学校的学习经历是德克·范德·库伊发展成现风格的第一步。经过了四年的“削和凿”之后，他开始尝试使用木材以外的其他材料进行创作。

他学习的第二阶段是在埃因霍温设计学院。那段期间他设计出了大象皮凳子，使用的是可再生塑料，经过烘烤确定了最终的强度。实习期间，他曾与英戈·毛雷（Ingo Maurer）一起工作，在那里他使用相同工序创作出的桌子曾在意大利家具展（Salone Del Mobile）和位于米兰的罗莎娜·奥兰迪（Rosanna Orlandi）的漂亮商店中展出。

目前他在埃因霍温开设了一间工作室，在那里继续提高自己的设计技能，同时研究新的设计方法和产品。德克在 2011 年荷兰设计奖（Dutch Design Award）自由组比赛中获得了优胜，还获得了 DMY 设计奖，德·卡拉贝丹美术馆（Gallery de Krabbedans）的“温斯沃肯（Wenswerken）”奖，英国保险年度设计奖提名（Brit Insurance Designs of the Year），以及索诺马设计奖（Sonoma Design Awards）。

德罗尔（Dror）

居住地：美国纽约
网址：www.studiodror.com
电话：+ 212 929 2196
邮箱：melanie@studiodror.com

从 2002 年开始，德罗尔·本施特里特（Dror Benshetrit）开始从事跨学科的实践，尤其是革新性的设计项目。他的设计通过作品完成时规格和特点的不同，展示出深度和广度。他的作品集包括产品设计，建筑工程，室内设计和美术指导。在与专家团队的合作中，德罗尔负责管理整体研究，主要方向是材料、技术和几何造型。以纽约为基础，他与世界范围的客户们都有合作，包括阿莱西（Alessi）、本特利（Bentley），博菲（Boffi），孟买蓝宝石（Bombay Sapphire），卡佩利尼（Cappellini），科颜氏（Kiehl's），里维斯（Levi's），卢阿尔迪（Lualdi），克索克森材料（Material ConneXion），玛雅·罗曼诺夫（Maya Romanoff），玛丽希 + 弗朗索瓦·吉尔鲍德（Marithé + François Girbaud），彪马（Puma），罗森塔尔（Rosenthal），皮肤鞋袜（Skins Footwear），伊加尔·艾兹鲁尔（Yigal Azrouël），上沃（Shvo），施华洛世奇（Swarovski）以及标靶（Target）。

德罗尔在世界上许多地方做过讲演，获得了众多设计奖项，其中包括 GE 塑料竞赛“边界融合”（2001），iF 产品设计奖（2006），优秀设计奖（2008,2010）。他的国际媒体曝光度非常高，展览范围也十分广泛。他的作品成为了北美、欧洲和中东等主要博物馆的永久收藏品。德罗尔的代理公司是文化和商业公司，一家代理著名设计师的机构，公司签约的其他设计师还有依福斯·哈尔（Yves Béhar），菲利普·斯塔克（Philippe Starck）和马歇尔·旺德斯（Marcel Wanders）。

德维拉斯（DVELAS）

居住地：西班牙潘普洛纳
网址：www.dvelas.com
电话：+34 948 237091
邮箱：dvelas@dvelas.com

德维拉斯的开放式作品中渗透了对航海，设计和美的热情，融合了不同的活力和区域。目前的设计团队由两名建筑师，一名设计师和一家航海制造商组成。德维拉斯有时也会与其他设计师和艺术家合作特殊项目或独家版本设计。

德维拉斯曾获得 2009 年马德里的最佳设计奖（BestED Award）和欧洲最佳可持续利用设计奖（Best Sustainable European Design Award）。他也曾被邀请参加 2011 年瓦伦西亚举办的栖息地博览会，休闲人体艺术区的展览。

德维拉斯 2012 年受邀参加在斯德哥尔摩举办的家具展览中的绿色设计部分。最近，他们被邀请参加 2012 年 4 月意大利米兰设计周的“现代博物馆新设计 / 发现（Temporary Museum for New Design // Discovering）”展览。

孟繁名（Fanson Meng）

居住地：台湾台北
网址：www.be.net/fansonmeng
电话：+886 35784022; +886 952758927
邮箱：fanson_meng@hotmail.com

孟繁名是台湾一名工业设计专业毕业的自由职业设计师。他曾经获得两次红点奖，并在 2010 年赢得红点奖“杰作中的杰作”称号。作品参加过诸多设计展，其中包括在台北和日本东京举办的年轻设计师展等。凭借竹子系列设计，他还获得了 2010 年 100 位新设计师小龙奖。

费尔曼·格雷罗（Fermin Guerrero）

居住地：瑞士日内瓦
网址：www.ferminguerrero.com
Tel：+41 789525941
邮箱：contact@ferminguerrero.com

费尔曼·格雷罗 1983 年出生在乌拉圭。从小就对绘画和艺术充满热情的他，如今已经形成了自己的风格。当他还是个孩子的时候就曾参加过一些乌拉圭的绘画展览。2009 年，他在乌拉圭工业设计中心获得了工业设计学士学位。现在生活在瑞士，并在日内瓦高级高等艺术与设计学院学习图像通信。好奇心驱使他前往欧洲寻求个人发展，并继续寻找新的方式来表达自己的创意和情感。

弗罗里安·索尔（Florian Saul）

居住地：德国柏林
网址：www.floriansaul.com
电话：+491718107305
邮箱：mail@floriansaul.com

弗罗里安·索尔 1981 年出生在德国，2010 年毕业于克雷菲尔德下莱茵大学产品设计专业。位于柏林的工作室成立于 2011 年，涉及从家具、室内设计到工业设计等多个设计领域。索尔主要使用可持续利用的材料，将手工艺与新兴技术相结合。

弗洛里安·施密德（Florian Schmid）

居住地：德国慕尼黑
网址：www.florian-schmid.com
电话：+0049 160 97 67 47 26

弗洛里安·施密德是一位 27 岁的年轻设计师，毕业于慕尼黑大学。开始最后的项目“拼接混凝土”之前，他作为实习生在伦敦 OK 工作室的生态边缘设计室工作了一年。后来他在艺术学校学习之余，还为慕尼黑的施拉格黑克设计工作室工作。

弗洛里斯·乌本（Floris Wubben）

居住地：荷兰
网址：www.floriswubben.nl
电话：+31646711392
邮箱：info@floriswubben.nl

弗洛里斯·乌本总部位于荷兰，他们的设计理念是将尽可能多的废弃材料和手工艺应用到每款设计当中。他们发现了非常有趣的现象，设计出来的结果往往并不与功能性物品相关联，看起来更像是雕刻作品。2007 年弗洛里斯·乌本获得了比利时生态设计奖。

变迁（FLUX）

居住地：荷兰阿姆斯特丹
网址：www.fluxfurniture.com
电话：+ 31 20 820 3696
邮箱：info@fluxfurniture.com

变迁工作室是由两名来自荷兰的年轻设计师创立的，分别是杜维·贾克布斯（Douwe Jacobs）和汤姆·叔腾（Tom

Schouten）。2008年，他们在代尔夫特科技大学创作工业设计工程硕士学位毕业作品的时候，偶然萌发了创作超级公寓，设计作品和时尚家具的想法。基于这一理念，他们毕业后决定创办自己的公司。他们以变迁命名，意思是转化和改变。

2011年年初，第一款纸质比例模型完成2年半后，变迁团队终于准备将第一件作品推向世界了：变迁座椅。从那以后，变迁座椅开始成为全世界设计杂志和展览会的新贵，赢得了很多奖项，其中包括伦敦年度宏伟设计产品奖。

狐狸与冻结（Fox & Freeze）

居住地：比利时斯特克内
网址：www.foxandfreeze.com
邮箱：info@foxandfreeze.com

狐狸与冻结是两位比利时设计师，詹姆斯·范·福塞尔（James Van Vossel）和汤姆·德·瓦里泽（Tom De Vrieze）共同创办的创意公司。沃斯在荷兰语中是狐狸的意思，而瓦里泽的意思是冻结（比利时有三种官方语言：荷兰语，法语和德语）。两位设计师于2009年10月创立了该公司。

弗兰克·纽利凯德尔（Frank Neulichedl）

居住地：加拿大温哥华
网址：www.frankie.bz
电话：+1 604 4400874
邮箱：info@frankie.bz

弗兰克·纽利凯德尔希望观赏者能够以不同的视角欣赏设计作品，这样才能发现令人惊奇的新外观。他认为有时为了观察另一面，你不得不跨过界线。如果想要创造出产品，这是唯一的方法，仅靠造型和功能是远远不够的。他还认为以奇幻和创意为基础的产品，网页设计和平面设计，是融合美感和现实的最佳方式。弗兰克曾经获得2006年度欧洲之光（European Lightning）和2009年改变交流奖（Change Communications Award）等奖项。

弗兰克·威廉斯（Frank Willems）

居住地：荷兰埃因霍温
网址：www.frankwillems.net
电话：+31（0）6 2834 0598
邮箱：frank@frankwillems.net

弗兰克·威廉斯2004年从埃因霍温设计学院毕业以后便成立了自己的设计工作室：弗兰克·威廉斯工作室。持久性是其作品非常重要的主题。其中最著名的作品是鲁本斯女士。众多鲁本斯女生们组成的座椅部件，热心而容易让人接受。这些部件具有雕刻品质，是奇幻的图画和迷人的风景。

弗兰克·威廉斯的鲁本斯女士系列作品获得了许多提名和奖励，例如哈里·蒂莉奖提名：AVR价格奖（AVR price, a nomination for the Harrie Tillie Award）和科隆的年轻设计师奖项。这款设计在国际设计界正变得越来越流行。

弗雷德里克·法尔格（Fredrik Färg）

居住地：瑞典斯德哥尔摩
网址：www.fredrikfarg.com
电话：+46 705509181

弗雷德里克·法尔格1981年出生在瑞典的吕瑟希尔，现在居住在瑞典斯德哥尔摩。他的作品处在艺术、时尚与设计的交界地带。他最著名的作品是异想天开又充满智慧的实践，为他赢得了全世界的关注。弗雷德里克毕业于瑞典哥德堡HDK设计学院，2008年获得了硕士学位。他的主题设计展将他迅速推上国际设计师的行列。曾经参加过各种主流设计展，像米兰的萨洛内卫星展，埃恩霍温荷兰设计周，斯德哥尔摩家具展以及柏林的DMY全明星展览。他所设计的家具获得了诸多奖项，例如《家居》杂志举办的2009年新晋设计师奖以及2010年瑞典装饰杂志《Elle Deco》颁发的年度流行奖。他的"再次覆盖座椅（RE:cover）"收藏于著名的瑞典国家博物馆。

芙蕾雅·休厄尔（Freyja Sewell）

居住地：英国伦敦
网址：www.freyjasewell.co.uk
邮箱：freyja@freyjasewell.co.uk

芙蕾雅毕业于布莱顿大学的三维设计专业。现在是伦敦的一位自由职业者。曾经获得英国和日本的奖学金。2011年她的作品被选入毕业展。她的毕业设计赢得了2011年6月的名古屋奖。

富克斯+芬克（FUCHS + FUNKE）

居住地：德国柏林
网址：www.fuchs-funke.de
电话：+49 172 189 49 09

从柏林艺术大学产品和工序设计学院毕业以后，威尔姆·富克斯和凯·芬克成立了自己的办公室富克斯+芬克，主要经营方向是产品设计、室内设计和展览设计。除了为像住宅，柏林包豪斯建筑学院或是风格公园之类的客户服务以外，他们还坚持生产自己研制开发的作品。他们的作品以结构和类型研究实验为基础，获得了许多著名的奖项，并在不同的国际展览中展出，例如位于莱茵河畔威尔城的维特拉设计博物馆，莫斯科建筑博物馆以及日本前沿艺术美术馆。汤姆·迪克森（Tom Dixon）曾经这样评价他们的作品："富克斯+芬克的创意聪明又具有原创性，他们实现了工业部件充满想象力的应用与优雅简洁线条的平衡。设计中微妙的幽默感激发了我们对设计世界的兴趣，并通过令人印象深刻的设计分享他们的喜悦。"

h220430

居住地：日本东京
网址：www.h220430.jp
电话：+81-3-3555-5877
邮箱：info@h220430.jp

h220430创立于平成22年4月30日（平成是现在日本的年号）。h220430的设计致力于照明和家具设计等。他们不仅希望设计出物品的初级形态，还希望能够反映出作品信息中衍生出的二级交流。他们希望作品能够为人们提供交流和再思考的"机会"，并处理许多困难的问题，例如全球气候恶化和世界范围内不断发生的冲突。

哈里·泰勒（Harry Thaler）

居住地：英国伦敦
网址：www.harrythaler.it; www.moormann.de
电话：+0039 329 4416550（Italy）；+0044 7588 033228（UK）
邮箱：studio@harrythaler.it

哈里·泰勒的设计实践是以金匠技术和手工艺为背景建立起来的。哈里·泰勒作品中重现的一个元素时持久性的体现，通过材料、形式和功能表现，只受限于功能性的界限。
2008年他决定从意大利搬到英国，完成皇家艺术学院产品设计的硕士学位。冲压座椅获得了2011年IMM科隆设计展览的室内设计创新奖以及2010年的康兰奖。除了他的个人设计作品外，哈里也完成了许多私人和公共团体客户的委托设计。

亨利·劳伦斯（Henry Lawrence）

居住地：英国伦敦
网址：www.henrylawrencestudio.com
电话：0（+44）7551348202
邮箱：info@henrylawrencestudio.com

亨利·劳伦斯是伦敦的一位英国设计师，出生在英格兰的多赛特。2008年从布莱顿大学的室内建筑专业毕业之前，他曾在伯恩茅斯的艺术学院学习基础艺术课程。2010年创办了"亨利·伦斯工作室"，加入了"书室"团体。生产工艺的不确定性增强了创作预料之外形式的效果，是工作室的设计理念的推动力。

亨利·劳伦斯可以创造出一种人与空间之间共通的感觉，将家具视为某种形势下信息交流的媒介，从而创作出具有强烈表现力的形态和结构。作品和这种随之而来的关联构成了设计的趣味所在。

品物流行

居住地：中国杭州
网址：www.innovo-design.com; www.pinwu.net
电话：+86 571 85850202
邮箱：innovo.com@gmail.com

品物流行坐落在中国的杭州，名字来自古老而经典的著作《易经》。他们早期的设计理念是"追随自然"。品物流行以设计的逻辑推理为基础，创造"中国再设计"下的中国品牌。"品物"是一个以打造未来设计为宗旨的新兴家具品牌。

张雷是"品物"品牌的创立者和设计总监。在他的带领下，品物流行已经6次参加国际展览，其中包括著名的米兰家具展之卫星沙龙展，并获得了至少20个国际奖项。

伊斯克斯-柏林设计公司（ISKOS-BERLIN Design）

居住地：丹麦哥本哈根
网址：www.iskos-berlin.dk
电话：+45 32106764
邮箱：all@iskos-berlin.dk

伊斯克斯·柏林设计公司是鲍里斯·柏林（Boris Berlin）和阿莱克西耶·伊斯克斯（Aleksej Iskos）合伙创办的。公司经营范围包括工业设计、家具设计和平面设计。公司虽然在2010年年末才成立，但鲍里斯和阿莱克西耶已经在一起工作几年了。1987年鲍里斯与人合伙创立了康普洛特设计公司（Komplot Design），阿莱克西耶已经在那里作为助理工作了11年。这次长期而富有成效的合作使他们能够创造出设计的分享哲学。在伊斯克斯·柏林，他们致力于研究新技术和新材料，扩大他们在日常用品中的影响力。

亚努斯·奥尔古萨尔（Jaanus Orgusaar）

居住地：爱沙尼亚塔林
网址：www.jaanusorgusaar.com
邮箱：borealis@jaanusorgusaar.com

亚努斯·奥尔古萨尔是一位获得过无数殊荣的爱沙尼亚设计师，20世纪90年代初期以鞋和时尚设计而闻名。5年前转型为产品设计师并创立了自己的工作室北极（Borealis）。他的设计总是走在流行的前沿，独立且具有无可争议的原创性。他的主要设计特征是三维思考。其中交易中的股票作品是使用二维平面材料创作出了立体效果。他将设计鞋子的方式应用到了家具和灯具的设计中。仿生学结构和空间图案是他的创作轨迹。

监狱制造（JAILmake）

居住地：英国伦敦
网址：www.jail-make.co.uk
邮箱：studio@jail-make.co.uk

监狱制造指的是利亚姆·希利（Jamie Elliott）和杰米·埃利奥特（Liam Healy）组成的创意组合，一间位于伦敦东南部的工作室。双手就是他们创作的动力，他们希望依靠自己的理念、研究，创作出令人兴奋的作品，经过制作、测试最终应用到现实生活中。
对于设计和建设大型设备、雕塑、交互式展览作品、定制家具，以及工程，机械，电子作品，他们都有着丰富的经验，能够处理大量不同种类的材料和涂料：金属制品和力学，定制电子设备，细木工和喷涂。他们的目的是尽可能多地使用家用资源，如果条件允许，雇用当地的手工艺者，并使用可循环再生的材料。

雅克布·约根森（Jakob Joergensen）

居住地：丹麦
网址：www.jjoergensen.dk
邮箱：jakopo9@gmail.com

雅克布·约根森2008年毕业于丹麦设计学院家具设计专业。2008年在日本赢得了国际室内装饰协会的金叶子奖，2011年入围决赛，同时还是布杜姆2011年中古撒门路线设计奖获得者。雅克布参加的展览包括：路易斯安那博物馆现代艺术展、布杜姆设计奖作品展和IFDA国际室内装饰设计协会举办的展览等。

约翰·里维斯（John Reeves）

居住地：越南
网址：www.reevesd.com
电话：+0084 903012140
邮箱：john@reevesd.com

设计师约翰·里维斯曾获得诸多奖项，他的设计热情带有明显的本地化和区域化特征。他认为交互设计不仅仅是一种交流，还是一种感觉。长期的坚持使约翰·里维斯磨炼出了独特的技巧基础，此外旅行、停留并适应遇到的不同文化和人，在工作中与手工艺人协作都为他的设计带来帮助。通过旅行，人们不仅可以对全球资源有更好的理解，同时也建立了设计与我们居住环境的联系。他使用100%可再生的铝和森林管理委员会认证的柚木创作出的作品，是这一理念的完美例证。使人想起光滑的优雅线条，有着光亮涂漆的耐用锌盘，无论对室内还是室外家具来说都是理想的选择。

乔纳斯·朱佳蒂斯（Jonas Jurgaitis）

居住地：英国伦敦
网址：www.jonas-design.co.uk
电话：+44792 4555 646
邮箱：jonas.jurga@gmail.com

乔纳斯·朱佳蒂斯是一位伦敦的设计师，他与职业技术工厂合作完成室内陈设品的生产。他的商业性项目和合同项目经验十分丰富，包括设计和定制家具以及总体项目管理。他曾经参加过许多国际家具展览，例如：2006-2007年度伦敦100%设计，2008-2009年度科隆国际家具展览，2008-2009年度柏林酒吧区域展览，2010年英国伯明翰室内设计展，2011年纽约当代国际家具展，2012年新加坡国际家具展。

朱诺（JUNO）

居住地：德国汉堡
网址：www.juno-hamburg.com
电话：+49（0）40 43 28 05 – 0
邮箱：info@juno-hamburg.com

朱诺是一间位于汉堡的品牌设计公司，以成功的方式帮助那些杰出的企业讲述他们的品牌故事。历经数年，朱诺总结出多种方法，将品牌战略思想与获奖设计作品结合，实现了"讲述动人故事"的意愿。朱诺获得过许多优秀设计和交流奖项。

约扎斯·尤尔邦纳维奇乌斯（Juozas Urbonavičius）

居住地：立陶宛维尔纽斯
网址：www.juozasurbonavicius.lt
电话：+370 684 03483
邮箱：info@juozasurbonavicius.lt

约扎斯·尤尔邦纳维奇乌斯是一位立陶宛设计师，他感兴趣的领域包括生态和可循环利用设计，DIY、雕刻以及木雕。约扎斯2010年毕业于维尔纽斯艺术学院，其设计灵感主要来自大自然和立陶宛及其他国家发展出来的旧工艺。约扎斯最钟爱的材料是木材，他十分欣赏天然材料的结构和外表，其独特性和原创性在他的作品中得到了展示和强调。约扎斯一直致力于寻求作品简洁的外形和自然与现代技术的融合。这位年轻的立陶宛设计师的作品都是他自己独立完成的。

卡隆工作室（Kalon Studios）

居住地：德国与美国
网址：www.kalonstudios.com; www.kalonstudios.de
电话：+866 514 2034
邮箱：studio@kalonstudios.com（USA）；studio@kalonstudios.de（Germany）

新成立的卡隆工作室专门为现代家居设计精美的原创手工艺品。工作室的设计理念是本地化生产。所有作品都是可持续化生产出来的，新英格兰的订单满足美国市场、德国订单服务欧盟市场。卡隆工作室的设计重点除了质量以外还有方法和工序。卡隆已经被公认为世界上最具影响力和创新性的可持续产品设计公司之一。

康姆普洛特设计公司（Komplot Design）

居住地：丹麦哥本哈根
网址：www.komplot.dk
电话：+45 20300914
邮箱：boris@komplot.dk

康姆普洛特设计公司是宝儿·克里斯蒂安森和鲍里斯·柏林合作经营的公司，创立于1987年年初。公司涉及的领域包括工业设计、家具设计和平面设计。康姆普洛特设计公司获得了诸多设计奖项，其中包括："无人 & 小型无人"座椅获得了德意志联邦设计奖；"无人"座椅还获得了国际开发署论坛奖：2008年北欧最佳产品设计奖；"古比座椅 II"获得了红点奖杰作中的杰作；2007年，"无人"座椅、DK，以及其他作品还获得了两年一度的手工艺和设计奖。

拉·曼巴工作室（La Mamba Studio）

居住地：西班牙瓦伦西亚
网址：www.lamamba.es
电话：+34 664120710

拉·曼巴工作室位于西班牙瓦伦西亚，是由4位有着不同背景的年轻设计师组成的设计团队。两年前他们在瓦伦西亚完成了硕士学位学习后组建了这一工作室。他们在获得了一些国际和国内的奖项后，开始参加世界范围内的贸易展览，如米兰、斯德哥尔摩、瓦伦西亚家居展览和迪拜国际家具暨室内装饰博览会。他们的作品设计十分注重人性化体验，具体来说是了解人与作品之间互动的最新方式，从而创作出家居世界中的新形式和创意。

洛特·范·拉图姆（Lotte van Laatum）

居住地：荷兰乌得勒支
网址：www.lottevanlaatum.nl
电话：+0031（0）6 411 95 870
邮箱：info@lottevanlaatum.nl

洛特·范·拉图姆（生于1979年）是一位独立设计师。2001年以优异成绩从海牙大学工业产品设计专业毕业。在亚洲旅行了一年后，她开始了在埃因霍温设计学院人文专业硕士学位的学习。她的专长是社会文化和生态方面的设计。除了完成委托设计工作，收藏一些作品，她也开发自己的项目，并将自己的作品贡献到教育领域。

路西·诺曼（Lucy Norman）

居住地：英国伦敦
网址：www.luladot.com
电话：+447 890 265 480
邮箱：lucy@luladot.com

路西·诺曼2007年从布莱顿大学产品设计专业毕业，获得了本科一级荣誉学位。2009年创立了卢拉·点（Lula Dot）设计公司。卢拉·点公司的宗旨是在哈克尼的工作室内，回收利用伦敦的垃圾，并使其重现魅力。她最新的作品解决了废物利用的问题。处理方式是对废弃物进行回收，同时创造出美丽的、带有感情色彩的，且持久流行的新产品。路西经常使用各种各样的材料和物品去创作灯具、珠宝和家具。

玛利亚·威斯特伯格（Maria Westerberg）

居住地：瑞典斯德哥尔摩
网址：www.mariawesterberg.se
邮箱：info@mariawesterberg.se

玛利亚·威斯特伯格在设计领域涉猎的范围十分广泛，包括图案、家具、螺丝螺母、T恤、手工切割的玻璃室内装饰饰品。此外，她还为瑞典儿童举办再生室内设计秀。她的设计通诙谐而丰富多彩，形态也十分生动。使用的材料都是现成的材料，经过她的设计产生了全新的内容，降低了周围材料被浪费的可能性。2011年斯德哥尔摩绿色家具展中，她的作品包揽了前三名奖项。这一年中，她的作品陆续在勒斯德哥尔摩家具展览、伦敦伯爵庭园展览、伦敦设计周以及米兰的超级工作室展览中展出。

马克・A・雷格尔曼 II（Mark A. Reigelman II）

居住地：美国纽约
网址：www.markreigelman.com
邮箱：studio@markreigelman.com

马克・A・雷格尔曼二世是一位国际知名的纽约设计师，擅长现场特定产品设计、安装和公共艺术。马克最近获得的赞誉来自名为“白云与木桩”的设计作品,美国艺术协会（Americans for the Arts）将其列为美国顶尖公共艺术作品之一。马克是美国设计俱乐部的会员，以及创意团体艺术之星与海岸公共艺术协会查普曼 / 雷格尔曼（Chapman/Reigelman）的合作创立者。雷格尔曼曾在克利夫兰艺术学院学习工业设计和雕塑，还曾在伦敦的中央圣马丁学院学习高级产品设计。

马库斯・约翰逊（Markus Johansson）

居住地：瑞典哥德堡
网址：www.markusjohansson.com
电话：+0046706448755
邮箱：info@markusjohansson.com

马库斯・约翰逊是一位瑞典设计师。2011 年获得了安・沃尔斯设计（Ann Walls Design）奖学金以及奥托和夏洛特・曼海默（Otto and Charlotte Mannheimer）基金。他希望能够将建筑，功能和形式组合在一起，丰富日常生活经历，创作出造型新颖且有持久价值的作品。所获得的奖项包括 :2011 瑞典马克斯罗德灯具设计三等奖 ;2010 瑞典绿色家具佳作奖 ;2010 瑞典格力马可克设计竞赛三等奖 ;2009 瑞典马克斯罗德灯具设计二等奖以及 2008 年瑞典郁局建筑和设计大赛佳作奖。

玛琳・延森（Marleen Jansen）

居住地：荷兰布雷达
网址：www.marleenjansen.nl
电话：+31（0）610815773
邮箱：info@marleenjansen.nl

玛琳・延森是一位极具天赋的艺术家，其设计理念是使用直接的线条和对细节的处理将传统技术与手工艺相结合。她的新设计中带有许多现代方法，部分原因与她在荷兰布雷达圣朱思特艺术学院所受的教育有关。玛琳有能力将概念与实用性整合。她的作品叙事性强，展现了浓厚的社会感。她认为探究作品背后的因果会加深作品的深度。除了功能性，美学因素也非常重要。设计的目的就是在房间中突出作品的艺术性，同时让使用者有使用的意愿。玛琳・延森的作品代表着创意，概念和透明。

马丁・阿苏阿（Martín Azúa）

居住地：西班牙巴塞罗那
网址：www.martinazua.com
电话：+932 182 914
邮箱：contact@martinazua.com

马丁・阿苏阿出生在巴斯克的乡村，现在居住在巴塞罗那。他既是一名设计师，同时也在埃利萨瓦设计学院（Elisava Design School）从事教学工作。马丁在巴塞罗那大学学习艺术，主攻设计专业。此外，他还获得了巴萨罗那理工大学建筑与临时装置专业硕士学位，以及庞佩乌・法布拉大学（Pompeu Fabra University）社会交流专业硕士学位。现在马丁作为设计师为多家公司工作，同时还进行自己的研究工作，作品在巴塞罗那、米兰、伦敦、柏林、巴黎、维也纳、纽约、东京以及北京等不同城市的个人及团体展览中展出。所获得的奖项包括 :2000 年巴塞罗那城市奖，2007 德尔塔・德・普拉塔奖（Delta de Plata Award），2008 临时建筑 FAD 奖，2009 优秀设计奖，2009 优秀室内设计奖以及 2010 年度广告设计师奖。

梅里塔利亚（Meritalia）

居住地：意大利米兰
网址：www.meritalia.it
电话：+39 031 743100

梅里塔利亚从 1987 年起开始从单纯的创意步入了生产和商业化的道路，其动力来源于一系列为满足专业客户最高需求所做的承诺。他们希望能够使客户认可梅里塔利亚产品的质量、可靠性、价值、技术和创意的原创性。梅里塔利亚在家具和项目管理方面的组织活跃性占据领先地位。

梅里塔利亚对于高标准质量和交货期的严格把控，吸引着那些最有声望的客户。客户可以提前和某位合伙人讨论项目的进展情况，满足他们所有的要求。设备精良的专业工厂及其精益求精的生产品质，确保了集团企业下负责专项产品领域的不同公司都能出色地完成任务。

迈克尔・杨（Michael Young）

居住地：中国香港
网址：www.michael-young.com
电话：+852 2803 0795

迈克尔・杨工作室 1994 年成立于伦敦，2006 年一月由迈克尔・杨先生在香港进行了重组。该工作室被认为是目前亚洲最强大的创意团队。敢于宣称为客户设计的形象是终生使用的，作品赢得了诸多奖项，并在全球多家博物馆展出。公司的主要目的和任务是为客户提供高级、品质优良的设计服务，包括家具、产品和室内设计市场。迈克尔・杨的工作室有着非常独特的工作环境，在亚洲独树一帜。工作室的专长是建立现代设计和本地工业技术的连接,尤其是在中国。通过与中国本土工业的强势合作，工作室占领了并巩固了本地工业和设计之间的联系，以实例证明了亚洲工业和生产的技术。他们注重的不仅是设计，还有工业艺术。工作室也与世界范围的客户保持着良好的合作关系。

米舍・特拉克斯勒（mischer'traxler）

居住地：奥地利维也纳
网址：www.mischertraxler.com
邮箱：we@mischertraxler.com

凯瑟琳娜・米舍（1982）和托马斯・特拉克斯勒（1981），共同建立了米舍・特拉克斯勒工作室。工作室地点位于维也纳，开发和设计产品、家具、设备等，重点是实验和概念思维。2011 年迈阿密 / 巴塞尔设计展和 W 酒店授予米舍・特拉克斯勒工作室 W 酒店设计师未来奖。作品“树的创意”获得了 2009 年澳大利亚实验设计奖，2009 年 DMY 国际设计节奖，2009 年电子艺术展佳作奖，还进入了 2010 英国保险设计奖候选名单。展出工作室现代设计作品的博物馆包括芝加哥艺术学院、伦敦设计博物馆、维也纳应用艺术博物馆、埃因霍温设计公司和国际设计节。

莫洛（Molo）

居住地：加拿大不列颠哥伦比亚省
网址：www.molodesign.com
电话：+1 604 696 2501
邮箱：info@molodesign.com

莫洛位于加拿大的温哥华，是斯蒂芬妮・福赛斯（Stephanie Forsythe）（教育学学士学位，建筑学硕士学位），托德・麦克艾伦（Todd MacAllen）（艺术学士学位，建筑学硕士学位）和罗伯特・帕苏特（Robert Pasut）（计算机学士学位，工商管理硕士学位）合作创办的设计和生产工作室。莫洛工作室作为一间设计和生产公司，致力于材料研究和空间探索，将独特新颖的产品提供给全世界的客户们。

莫洛的作品凭借造型美观与实用创新的特质，获得了诸多国际奖项，并成为包括纽约现代艺术博物馆在内的世界多家博物馆和美术馆的收藏品。

恩德（Nendo）

居住地：日本东京
网址：www.nendo.jp
电话：+81-（0）3-6661-3750
邮箱：info@nendo.jp

佐藤大和他的团队在东京于 2002 年创立了恩德公司，之后于 2005 年在米兰开设了另一间办公室。佐藤大出生在加拿大多伦多，2002 年获得了早稻田大学建筑学硕士学位。该工作室获得了“日本小型企业 100 强”的称号，并刊登在了新闻周刊上。他们的作品多次在世界范围内展出。

尼古拉斯・勒・穆瓦涅（Nicolas le Moigne）

居住地：瑞士洛桑
网址：www.nicolaslemoigne.com
电话：+41 79 204 44 32
邮箱：info@nicolaslemoigne.com

尼古拉斯・勒・穆瓦涅公司设计的作品表现出了他们对复杂性和对比效果的理解与掌控能力 :他们设计的家具往往看起来易碎，实际上却具有弹性，手工制成却仍留有工业痕迹，高雅而不做作。好像一位剑术大师，在相冲的材料、形态和习惯之间游刃有余。设计出的作品缜密而又平衡。

这种技巧引起了一位瑞士设计师，洛桑艺术和设计大学教授的注意。

奈尔斯・费伯（Nils Ferber）

居住地：德国汉堡
网址：www.nilsferber.de
邮箱：contact@nilsferber.de

奈尔斯・费伯目前就读于德国汉堡艺术大学。他坚持的理念是 :“设计是一种对家具的思考和创造，而不仅仅是为了设计而设计。”设计应该在视觉上与现实连接起来 :设计应该以我们周围的环境和人们的需求为起点，同时叙述期望和观察所得到的未来的可能性。也许设计师们并不需要越来越多的产品，他们需要的是值得努力的方向。也许人类不需要越来越多的产品，但是我们也需要值得努力的方向。

Nju 工作室（Njustudio）

居住地：德国科堡
网址：www.njustudio.com
电话：+49（0）9561 64 333 02
邮箱：info@njustudio.com

Nju 工作室是一家位于德国科堡的创意公司和设计工作室。2010 年由沃尔夫刚·罗斯勒（Wolfgang Rößler），凯瑟琳·郎（Kathrin Lang），汤姆·施泰因霍费尔（Tom Steinhöfer），妮娜·沃尔夫（Nina Wolf）和马库斯·马克（Markus Mak）共同发起成立。起初他们与其他设计师合作成立了沃格斯塔藤设计协会（WIRGESTALTEN E.V.），该协会从 2006 年开始成为他们参与不同设计领域的平台。今天，Nju 工作室强迫自己形成概念严谨精密和敢于对每个细节质疑的态度。Nju 工作室代表着整体概念，不以项目大小进行区分——对每件设计作品都是有问必答。

他们的作品充满诙谐的色彩，专业而不保守，具有独立简约的风格。除了他们自己的品牌"nju 制品"，这五位设计师还从事品牌形象设计、连接设计以及室内和产品设计的工作，完美地实现了从二维到三维的职业转化。

无设计（NONdesigns）

居住地：美国加州
网址：www.nondesigns.com
电话：+626 616 0796
邮箱：info@nondesigns.com

无设计是由斯科特·富兰克林（Scott Franklin）和米奥·米奥（Miao Miao）共同创建的工作室，两个人都喜欢实验和挑战传统。无设计还是一间拥有鲜活创意和打破传统商品的新兴品牌公司，涉及的范围从珠宝到建筑等多个领域。

无设计的作品将生活趣味带到了零售、活动、展览、家居和工作空间，建设周边环境和从内到外的所有物品，包括家具、照明设施、地板和天花板等。

昂特沃尔普多（Ontwerpduo）

居住地：荷兰埃因霍温
网址：www.ontwerpduo.nl
电话：+0（031）614306524
邮箱：info@ontwerpduo.nl

昂特沃尔普多是由泰内克·伯恩德斯（Tineke Beunders）和内森·维林克（Nathan Wierink）合作创立的，2008 年二人以优异成绩从设计学院毕业。他们的各自的特性"梦想家"和"数学家"，使这对年轻荷兰设计师之间的合作更加相得益彰。异想天开的创意和数学理论的严谨可以在他们的团队中实现平衡，从而使作品看起来不会过于古怪，并且能够传达出迷人而亲和的魅力。泰内克忧郁的设计和内森的数学线条完美融合在一起，锤炼出以简朴为主要元素的设计风格。

户外美术馆（Outdoorz Gallery）

居住地：法国巴黎
网址：www.outdoorzgallery.com
电话：+33（0）6 87 48 06 75
邮箱：deborah@outdoorzgallery.com

户外美术馆与一群国际知名的独立设计师合作，已经收集了一系列新颖又有革新性的作品。所有作品都是室内外兼容，且都经过手工制作，其中有许多设计是限量版的。户外美术馆相信，人们家里最引人注目的，那些我们保存珍视的收藏品不应该是出自呆板的流水线，而应该出自设计师和手工技师的创作。户外美术馆专注于创意和纯粹的职业化生产。他们团队多次获奖，参加国际展览并被业界广泛认可。一些人已经获得了极高的荣誉，他们的作品成为了部分博物馆的永久收藏。

皮特·奥伊勒（Pete Oyler）

居住地：美国纽约
网址：www.peteoyler.com
电话：+（001）347 788 0875
邮箱：pete@peteoyler.com

皮特·奥伊勒是一位多才多艺的设计师和充满创造力的开发者，在艺术领域具有丰富的经验。从家具、室内设计到创意开发的创造性指导，奥伊勒的设计方法是作品灵魂和工艺的结合。奥伊勒的兴趣十分广泛，包括设计、文化以及社会空间关系。他还具有艺术史和批判理论的学习背景，并获得了家具设计的艺术硕士学位。
奥伊勒的作品已在国内外进行展出。最近的展览在斯特拉·麦卡特尼 NYC 儿童商店（Stella McCartney NYC Kid's Store），米兰家具展（Milan Fuori Salone）以及维也纳设计周（Vienna Design Week.）。奥伊勒曾在北卡罗莱纳蓝岭山脉的潘兰德工艺学院学习木器加工。那段时间，他为许多工作室工作，将自己的技术延展到了金属加工、水泥铸造及模具制作。2009 年他获得了罗德岛设计学院家具设计专业硕士学位，他的毕业设计作品获得了罗德岛佳作奖。2010 年奥伊勒被《表面杂志 ：前卫卫报事件》（Surface Magazine Avant Guardian issue）报导。现在他生活工作在纽约的布鲁克林。

皮娅·伍斯滕伯格（Pia Wustenberg）

居住地：英国伦敦
网址：www.piadesign.eu
电话：+44（0）7917182471
邮箱：pia@piadesign.eu

皮娅·伍斯滕伯格 1986 年出生在德国，具有双重国籍（母亲是芬兰人，父亲是德国人）。15 岁时她搬到了英国兰的萨里，在那里完成了高中最后一年的学习。之后她开始在萨里艺术设计学院学习玻璃、陶瓷和金属设计，接着又在新白金汉大学完成了家具设计的本科课程。学业一结束她就在芬兰的北卡累利阿建立了自己的工作室皮娅设计。2009 年，她回到伦敦进入了皇家艺术学院的设计产品系，随着硕士课程的开始，皮娅设计也重新落户伦敦。

雷纳·马特西（Rainer Mutsch）

居住地：奥地利维也纳
网址：www.rainermutsch.net
电话：（+43）664 4535525
邮箱：studio@rainermutsch.net

雷纳·马特西 1977 年出生在奥地利的艾森施塔特，现在生活工作在奥地利的维也纳。雷纳·马特西的作品之所以独特是由于每件作品都对材料进行严格筛选，以及对现有类型的质疑。他曾在三所大学学习工业设计专业，并获得学位，其中包括维也纳实用艺术大学，丹麦哥本哈根斯科尔设计学院，以及柏林艺术大学。雷纳·马特西 2008 年在维也纳开设及自己的设计工作室，主要设计家具和灯具。在此之前几年，他一直在柏林做沃纳·艾斯林格（Werner Aisslinger）的助理。雷纳获得了一些评价很高的奖项，包括红点设计奖、优秀设计奖，奥地利新锐创意奖、石棉水泥设计奖、罗米奎尔设计奖、绿色食品设计奖以及英国保险设计奖和德国设计奖提名。

自然 - 边缘（Raw-Edges）

居住地：英国伦敦
网址：www.raw-edges.com
电话：+44 78 9056 9470

自然 - 边缘是由耶尔·莫尔和肖伊·阿尔卡雷创立的。两人都是 1976 年生于特拉维夫，2006 年进入皇家艺术学院攻读硕士学位。多年来一起分享生活、想法和创意以后，他们开始了正式合作。耶尔主要的创作方向包括将平面材料转换成带有功能性的形状，肖伊则痴迷于作品的移动、功能和反应。

自然 - 边缘获得了诸多有着高度评价的奖项，包括 ：英国文化协会人才奖（British Council Talented Award），iF 金奖（iF Gold Award），荷兰设计奖（Dutch Design Award），2009 年纸墙设计奖以及埃勒装饰国际设计奖（Elle Decoration International Design Award）2008 ~ 2009 年最佳家具设计奖。他们最近获得了设计迈阿密巴塞尔（Design Miami-Basel）提名的 2009 未来设计师奖。

他们的作品曾在纽约约翰逊贸易美术馆、巴黎 FAT 美术馆、巴塞尔视野艺术展以及米兰的斯帕齐奥·罗萨纳·奥赫朗迪家具展中展出。他们的作品还被许多博物馆收藏，成为永久藏品。例如，纽约现代艺术博物馆和伦敦设计博物馆。他们还曾与卡佩里尼（Cappellini）、父子（Established & Sons）以及阿科（Arco）合作过。耶尔和肖伊还在伦敦他们自己的工作室中制作独一无二的限量版设计。

废品创意设计（Reestore）

居住地：英国贝德福德郡
网址：www.reestore.com
电话：+07810 716775
邮箱：max@reestore.com

废品创意设计的创立者是麦克斯（Max），伯恩茅斯大学是他事业的起点，2000 年他在那里完成了产品设计和可视化专业的学习后，开始了一段短暂的汽车设计生涯。那之后不久他就感受到了真正属于自己的事业的召唤，并很快意识到工业设计的职业对年轻设计师们是一次良机，不仅能够制作出抢手的家具，还能够为我们居住的环境做出意义重大的贡献。选择适当的生产材料就能够有效减少丢弃在堆填区的废弃物。

麦克斯谈到废品创意设计时说，"我们努力避免传统的生态材料，使用现代喷涂，织物和所有的风格。为什么设计和出售生态家具产品就一定要向美学妥协呢？我们认为生态设计一样可以很酷又不失风格，而且并不是一定要采用长在地里或是用麻绳编织的家具才是生态家具。"

桑德·马尔德（Sander Mulder）

居住地：荷兰维荷芬
网址：www.sandermulder.com
电话：+31（0）40 – 21 22 900
邮箱：press@sandermulder.com

桑德·马尔德出生在 1978 年，1996 年受到创造力和独创性激发开始学习设计，表现出像孩子一样热情。他很快意识到这将是他一生的热情所系。2002 年成功从埃因霍温设计学院毕业以后，创立了自己的设计工作室。不断寻找新的挑战和灵感的同时，还涉及多种不同领域，包括灯具，家具和室内设计，有些是为国际客户做的，有些成了自己的藏品。公司作品的理念是好的创意应该与优秀的制作共存。公司还研究实现日常用品和空间中构造、功能和美学的新方法。他们的作品堪称是粗线条与精美细节的组合，使用的革新技术和大胆诠释方法，经常能体现出他们对传统艺术处理方法的质疑。

圣瑟利夫创意设计（Sanserif Creatius）

居住地：西班牙瓦伦西亚
网址：www.sanserif.es
电话：+343466406
邮箱：info@sanserif.es

曾两次在瓦伦西亚国际家具展览（International Furniture Fair of Valencia（FIM），现已改名为 Habitat Valencia）的优胜者安娜·亚戈（Ana Yago）和记者约瑟·安东尼奥·吉门内斯（José Antonio Giménez）在瓦伦西亚市中心古老的街区创立了这家多功能设计团队，设计领域包括空间和物品的再定义、室内设计、建筑与施工。这就是圣瑟利夫创意设计公司。公司的创建者们还接受瓦伦西亚现代艺术博物馆和瓦伦西亚博物馆的委托，负责管理展品和组织设计、交流和艺术演讲。客户还包括有马德里艺术区（Círculo de Bellas Artes de Madrid），帕拉西奥·德·埃舍韦斯特（Palacio de Echeveste），中欧大学商学院和几家美术馆。

他们还在设计、交流和时尚杂志及日报上发表文章和作品。已经完成了两本随笔和创意文章，内容来自世界领先的设计师，其中包括贾斯伯·莫里森（Jasper Morrison），弥尔顿·格拉泽（Milton Glaser），卡里姆·拉西德（Karim Rashid），埃尔文·布鲁克（Erwan Bouroullec）等。此外，他们还合作指导了多种设计研究会，例如第一届瓦伦西亚妇女和残疾人国际大会（2003）；萨克国际文化管理者大会（2005）；第一届加泰罗尼亚国际设计和创新大会（2010）。

萨拉·利奥诺（Sara Leonor）

居住地：英国伦敦
网址：www.saraleonor.co.uk
电话：+0044（0）759 0817279

萨拉·利奥诺出生在西班牙并在这里接受教育。曾经在世界范围内旅居工作多年，现在居住在伦敦。年轻而富有野心的设计师，梦想着自己的作品能够在最负盛名的国际画廊中展览。萨拉将视觉感染力和功能性结合到了自己的设计中。周围的视觉细节，旅行甚至是日常路线，都能给予她创作的灵感。

新月设计（Scoope Design）

居住地：美国纽约
网址：www.scoopedesign.com
电话：+001 212 844 9901
邮箱：info@eldabellone.com

新月设计由埃尔达·贝洛内（Elda Bellone）和戴维德·卡尔波恩（Davide Carbone）合作创立，旨在探索新的创意和设计理念。新月是一间多元化公司，结合了不同的工艺和各种表现语言。在这里，经验成为了研究开发新理念、目标、形态、材料、功能和形象的开端，是艺术、设计和交流之间自由开放式的对话。新月是创意形成和分解的地方，物体在这里产生新的物体，同时对不同艺术表达之间的互动进行深入研究。这是对于物体、理念、再设计、可再生设计、构成、定义、功能性再定义、结构，以及内涵的开放式设计。

斯科特·贾维（Scott Jarvie）

居住地：英国伦敦
网址：www.scottjarvie.co.uk
电话：+44（0）20 3021 1125
邮箱：info@scottjarvie.co.uk

斯科特·贾维 1983 年出生在苏格兰的格拉斯哥，父母是平面设计师和汽车工程师。在格拉斯哥学院学习过建筑和绘画之后，贾维进入纳比尔大学设计与媒体艺术系继续学习，以优异成绩毕业，并获得了学校颁发的奖章。贾维曾经参加米兰卫星沙龙（Salone Satellite）的展览，在噪声艺术节被评选为扎哈·哈迪德（Zaha Hadid）展览策划人、新人设计师，并荣获 100% 设计奖。他曾经与国际著名设计师托马斯·海瑟维克（Thomas Heatherwick），格拉斯哥建筑奖获得者埃尔德和加农（Elder and Cannon），以及著名艺术家和雕刻师杰基·派里（Jacki Parry）一同合作。贾维还获得了英国国家科技艺术基金会的支持。

塞巴斯蒂安·埃拉祖里奇（Sebastian Errazuriz）

居住地：智利圣地亚哥
网址：www.meetsebastian.com
邮箱：info@meetsebastian.com

塞巴斯蒂安·埃拉祖里奇 1977 年出生在智利圣地亚哥，后来在伦敦长大。埃拉祖里奇曾在华盛顿学习艺术课程，在爱丁堡学习电影课程，还在圣地亚哥获得了设计学位，后来获得了纽约大学的艺术硕士学位。28 岁时，塞巴斯蒂安在索斯比二十世纪最伟大设计作品拍卖会上拍卖了自己的作品，他是第二位获得此殊荣的南美艺术家。

2007 年埃拉祖里奇被国际设计杂志评选为最优秀的新锐设计师之一，并获得了 2010 年智利最佳设计师头衔。他的大型先锋派公共艺术品受到了极高的赞誉，独一无二的家具作品在超过 40 个国际展览会中展出，展出的城市包括东京、纽约、巴黎和巴塞罗那。他的作品已经在纽约设计博物馆库珀·休伊特展览中展出，其他展出博物馆还有德国莱茵河畔威尔城的维特拉博物馆，以及智利圣地亚哥国家博物馆。塞巴斯蒂安的作品成为了康宁玻璃博物馆，以及其他世界知名私人收藏馆的永久收藏品。美国有线新闻网，早安美国和纽约 1 频道都对塞巴斯蒂安的设计、时尚和公共艺术品做过重点报道。

斯马林（Smarin）

居住地：法国尼斯
网址：www.smarin.net
电话：+33 4 93 52 89 26
邮箱：s.marin@smarin.net

斯蒂芬妮·马林 1973 年出生于马赛，很早就将创作重心放在了生态设计上：1990 年她引领了纺织业可再生时尚风潮，接着在 1995 年创作出了随时可穿的"魔术服装"，这一设计为她带来了成功。从 2004 年开始她决定将自己的研究扩展到设计和服装方面，以功能性为主要设计考量，不妥协于舒适度，设计质量和梦想，功能性经历了很长一段时间的曲折后终于成为了现在最为重要的因素。她的设计在意图和形式之间进行这潜移默化的渗透。肢体语言在设计中起到了引导作用。在创意和形式之间的切换，使她的作品成为了艺术和设计之间最为紧密的暗示，并从作品延伸到了透视画法和空间设计。她希望能够创作出不墨守成规，具有诙谐、梦幻感的作品。

斯特凡·施德明（Stefan Sagmeister）

居住地：美国纽约
网址：www.sagmeister.com
电话：+212 647 1789
邮箱：info@sagmeister.com

出生于奥地利的斯特凡·施德明拥有维也纳大学应用艺术专业硕士学位，是全额奖学金获得者，同时拥有纽约普拉特学院硕士学位。他曾经为滚石（Rolling Stones）、传声头像（Talking Heads）和卢·里德（Lou Reed）设计过品牌形象。五次获得格莱美奖提名，最终凭借传声头像的盒装专辑设计获得了一次优胜。他还获得过许多国际设计奖项，作品在多个城市做过独展，其中包括苏黎世、维也纳、纽约、柏林、东京、大阪、布拉格、克隆和首尔等地，此外他也多次受邀在世界各地演讲。2001 年克利伯恩出版社出版了他的著作专集《施德明，带给你视觉》（Sagmeister, Made you Look），十分畅销。

斯特凡·舒尔茨（Stephan Schulz）

居住地：德国哈雷
网址：www.studio-stephanschulz.com
邮箱：contact@studio-stephanschulz.com

在德国哈勒创立"斯特凡·舒尔茨工作室"以前，斯特凡·舒尔茨（1983 年生）就读于荷兰埃因霍温设计学院工业设计专业，还曾在海勒的伯格戈壁新斯坦艺术与设计大学学习过。后来在米兰的贝里尼设计工作室积累了许多工作经验。舒尔茨正在进行家具、餐具和其他经典产品的设计研究；他集中研究材料和技术，对于了解它们的限度有着极高的热情。他的作品在慕尼黑现代主义陈列馆"新奇收藏"，威尔 / 巴塞尔的维特拉艺术博物馆，米兰的设计周以及其他国际设计展览中进行过展出。2010 开始，他在海勒的艺术设计大学工业设计学院担任助教一职。

格南工作室（Studio Geenen）

居住地：荷兰阿姆斯特丹
网址：www.studiogeenen.com
电话：+0031616505090
邮箱：info@studiogeenen.com

格南工作室是一间创立于阿姆斯特丹的设计工作室。产品基于对科技研发的广泛研究。寻求将新技术以合理自然的方式应用到作品中的同时，还时刻注意不被因循守旧的思想和行为干扰。工作室的产品包括家具和灯具，同时还接受线上视觉项目的委托。坚持不懈地使用高端技术和材料的目的是为了创作出更为出色的作品。

马格努斯·桑吉尔德（Magnus Sangild）

居住地：Copenhagen, Danmark
网址：www.magnussangild.com
电话：+45-25328982
邮箱：info@magnussangild.com

马格努斯·桑吉尔德是位喜好倾斜造型和生态可持续性的年轻设计师。他的美学观点来自木工背景的实践基础。这名年轻设计师最初的愿望是成为一名细木工匠。2000 年到 2003 年，他以学徒身份师从丹麦著名的木工巨匠格特·克耶尔德托夫特（Gert Kjeldtoft）。在完成了学徒学习以后，桑吉尔德想精炼并提高自己的技巧。因此，他开始了从奥尔胡斯木工工厂到创意氛围浓郁的丹麦设计学院的旅程，并在 2009 年获得了自己的硕士学位。马格努斯·桑吉尔德获得的荣誉包括 2010 年伦敦荷兰大使馆的赞誉 外滩土地技术奖和 2009 年绿色家具荣誉奖。

托尔·霍伊（Thor Høy）

居住地：丹麦哥本哈根
网址：www.thdesign.dk

电话：0045 26256828
邮箱：info@thdesign.dk

托尔·霍伊是一位年轻的丹麦设计师，居住在哥本哈根，设计范围涵盖灯具、家具和珠宝设计，以及室内设计和概念创作。2011 年凭借多彩悬挂式“蛇丘”和木制悬挂式“柏拉图的夜幕”取得了重大突破，现在与著名的丹麦奢侈品牌乔治杰生（Georg Jensen）签订了长期合作协议，设计高端珠宝。他的作品都经过精心设计和仔细构想，他相信如果手工艺的质量很高，那么拥有者就会一直保存，甚至世代相传。如果在设计中加入可持续和可再生材料，那么作品就会变得更有价值。

吉冈德仁（Tokujin Yoshioka）

居住地：日本东京
网址：www.tokujin.com
电话：+81 3 5428 0830
邮箱：press@tokujin.com

吉冈德仁 1967 年生于日本佐贺县。为仓俣史朗（Shiro Kuramata）和三宅一生（Issey Miyake）品牌工作一段时间后，2000 年成立了自己的工作室，吉冈德仁设计。吉冈与日本国内外多家著名公司都有过合作，例如爱马仕，施华洛世奇以及三宅一生，一直负责的工作是店铺设计与安装。纸质座椅“亲爱的流行（Honey-pop）”，灯具“豆腐（ToFU）”以及移动电话“媒体外壳（MEDIA SKIN）”获得了高度评价，他的作品已超越设计，上升到了艺术品的高度，并且成为纽约现代艺术博物馆的永久收藏品。吉冈德仁被日本的新闻周刊杂志选为“100 位被世界尊敬的日本人”之一。2009 年吉冈出版了一本新书《看不见的外形》，在书中他分享了自己的设计理论。2010 年里佐利国际出版了他的画册《吉冈德仁》。

汤姆·拉斐尔德设计（Tom Raffield Design）

居住地：Cornwall, UK
网址：www.tomraffield.com
电话：+44（0）7968 621955

汤姆·拉斐尔德以设计令人惊叹的木制家具和灯具闻名于世，获奖优秀设计和可持续性工作准则为他赢得了极高的赞誉。他专注于制作先锋性和生态性的家具和灯具，主要使用当地木材创作新颖且令人兴奋的作品。他曾在萨默塞特艺术与技术学院及法尔茅斯艺术学院学习。汤姆·拉斐尔德获得过 2006 年罗兰百悦优秀设计奖；2007 康沃尔年度商业人士以及 2001 年照明协会最佳照明垂饰奖。

银子奇（Tzu-Chi, Yin）

居住地：Taichung, Taiwan
网址：www.yintzuchi.com
邮箱：yin.tzu.chi@gmail.com

银子奇 1988 年生于台湾省台中市。现在在台湾国立科技大学工业和商业学院硕士专业学习。他曾获得 2011 年红点奖、杰作中的杰作、2011 年新加坡家具设计大奖，以及 2010 年台湾游德馨奖提名。

乌维科工作室（Ubico Studio）

居住地：Tel Aviv, Israel
网址：www.studioubico.com
邮箱：studioubico@gmail.com

乌维科是一间设计工作室和小型生产单位的组合，位于特拉维夫南部，使用可再生材料设计带有环保意识的可持续型家具和装饰品。他们的宗旨是收集高质量的精美手工艺设计，产品只使用可再生及可回收材料，同时使用尽量满足使用者喜好的饰品。他们的材料来自垃圾厂，修缮作品和特拉维夫的大街。他们将城市当做森林，将自己当做是新型都市收集猎人。他们相信通过设计与手工艺，环保日程和视觉背景的结合，能够创造出更为丰富的作品；这些作品可以通过深思熟虑的设计和工艺，以及作品中嵌入的时间和变形的概念，为客户提供功能性和较长的使用寿命。这间工作室提供系列产品，同时也提供设计服务，从独特的现有空间作品到计划和生产空间设计。

自由（Uhuru）

居住地：美国纽约
电话：+718 855 6519
网址：www.uhurudesign.com

自由是一间多元化设计公司，专注于可持续性以及不受时间限制的设计。自由的每件作品都是在他们的红钩布鲁克林工作室内手工完成的。他们强烈支持“美丽源于功效性”的智慧主张，希望制作出的家具和产品美观简洁，材料和工艺也要考究。他们的很多作品都采用了回收、循环、再利用或是加工后的废旧材料。

自由加入了具有影响力的家具公司组织，遍布米兰和东京，致力于推动现代可持续性设计的发展。公司的家具由于革新性而被世界认可，曾在洛杉矶建筑和设计博物馆及密尔沃基艺术博物馆展出，一些作品永久收藏于布鲁克林博物馆中。他们 2012 年的家具作品曾在联合国博物馆美国艺术博物馆展出。自由与世界知名的设计师、建筑师，以及包括库珀·休伊特的玛雅·林（Maya Lin）以及高古轩画廊（Gagosian Gallery）的丹·科伦（Dan Colen）等著名艺术家合作。

UXUS

居住地：荷兰阿姆斯特丹
网址：www.uxusdesign.com
电话：+31 20 623 3114
邮箱：info@uxusdesign.com

UXUS 工作室 2003 年成立于阿姆斯特丹，是一间多元化国际设计代理机构，曾经获得诸多奖项，以战略设计方案见长。公司的起点是将最好的设计引入客户的品牌，为客户提供零售设计、建筑、酒店设计、品牌形象设计等服务。公司名字的含义是“你们乘以我们”，体现了他们根据客户特殊的要求量体裁衣的服务理念。

维克特·阿莱曼工作室（Victor Alemán Estudio）

居住地：墨西哥
网址：www.victoraleman.mx
电话：+52 55 3458 9873
邮箱：info@victoraleman.mx

维克特·阿莱曼工作室相信现在墨西哥设计的时代已经来临。他们的产品设计创意打破了世界上固有的形式。公司将注意力集中在了设计和生产过程中，数字与模拟工序之间的关系，并将复杂的数字构造过程与美妙的手工艺结合在一起。维克特·阿莱曼（Victor Alemán），派斯蒂·卡里略（Patsy Carrillo）和伊斯梅尔·波拉斯（Ismael Porras）2010 年内共同创立了这间工作室。他们将要挑战作品的未来，以及革新背景下本地手工业的内在影响。工作室的业务范围很广，包括新型折叠自行车、无线足球、爱心家具、情侣家具、参数化设计外墙、节水喷头、调料包装、城市运输规划和新三维打印等等。

温舒曼（Wenchuman）

居住地：智利圣地亚哥
网址：www.fabriq.cl; www.wenchuman.com
电话：+56 9 88040915
邮箱：info@wenchuman.com

温舒曼是一位智利建筑师，在进行艺术介入和一些设计工作时喜欢保持低调；温舒曼是他的一个化名，出自一个智利本地最具影响力的原住民族马普彻人。他的艺术作品寻求全球化和多文化世界中人们对特征和意义的理解。

约阿夫·阿维诺阿姆（Yoav Avinoam）

居住地：以色列
网址：www.yoavavinoam.com
电话：+972 523 632 611
邮箱：yoav@yoavavinoam.com

约阿夫·阿维诺阿姆 1980 年 2 月 17 日出生在以色列的佩塔提克瓦。儿时对汽车美学的热情转变成了现在对工业设计的兴趣，之后又变成了对设计的兴趣。2009 从贝扎雷艺术与设计学院毕业，毕业作品是刨花凳子和咖啡桌。他的作品被选入特拉维夫的以色列未来设计师展览，2010 年约阿夫获得了马西莫·马丁尼（Massimo Martini）设计奖的第三名，作品还曾在巴黎设计师日及世界其他展览中展出。为埃兹里·塔拉奇教授（Prof. Ezri Tarazi's）的设计工作室工作两年后，约阿夫成立了自己的工作室，专注于材料、生产工序和交流设计。

图书在版编目（CIP）数据

生态风尚·家具设计／度本图书编译．—北京：中国建筑工业出版社，2013.6
ISBN 978-7-112-15431-9

Ⅰ.①生…　Ⅱ.①度…　Ⅲ.①家具－设计　Ⅳ.①TS664.01

中国版本图书馆CIP数据核字（2013）第098330号

责任编辑：唐　旭　李成成
责任校对：王雪竹　陈晶晶

生态风尚·家具设计
Eco. Style in Furniture Design
度本图书（Dopress Books）　编译
*
中国建筑工业出版社出版、发行（北京西郊百万庄）
各地新华书店、建筑书店经销
北京嘉泰利德公司制版
北京盛通印刷股份有限公司印刷
*
开本：889×1194毫米　1/20　印张：8　字数：480千字
2013年6月第一版　2013年6月第一次印刷
定价：68.00元
ISBN 978-7-112-15431-9
(23473)